王武——编著

LAYOUT
DESIGN

版式设计

从规则到创意经营

化学工业出版社
·北京·

内容简介

本书围绕版式设计这一主题，通过印象、初识、相知与会通四章进行详细讲解，由浅入深、循序渐进地阐述版式设计基本知识、规则、逻辑及创意应用，能有效帮助设计者利用编排提升作品的魅力与价值。本书的特色与优势在于融入了大量真实项目案例，毫无保留地分享了版式设计过程中的创作思路、创作方法与应对策略等。

本书可作为高等院校艺术设计、视觉传播设计与制作、广告设计与制作、数字媒体艺术设计等专业教学用书，也适合掌握一定软件基础知识、从事设计工作的相关人员以及爱好者参考阅读。

图书在版编目（CIP）数据

版式设计：从规则到创意经营/王武编著. —北京：化学工业出版社，2022.11（2025.2重印）
ISBN 978-7-122-42194-4

Ⅰ.①版… Ⅱ.①王… Ⅲ.①版式-设计-教材
Ⅳ.①TS881

中国版本图书馆CIP数据核字（2022）第171684号

责任编辑：张 阳　　　　装帧设计：王 武
责任校对：边 涛

出版发行：化学工业出版社（北京市东城区青年湖南街13号　邮政编码100011）
印　　装：涿州市般润文化传播有限公司
710mm×1000mm　1/16　印张$11\frac{1}{2}$　字数210千字
2025年2月北京第1版第2次印刷

购书咨询：010-64518888　　　　售后服务：010-64518899
网　　址：http://www.cip.com.cn
凡购买本书，如有缺损质量问题，本社销售中心负责调换。

定　　价：69.00元

从混沌中寻求秩序之美

前言

在近十来年的教学与工作中，面对让学生、设计师以及客户等都会感到困扰的编排问题，笔者深切体会到版式作为现代艺术的视觉语言，其在设计工作中不容忽视的作用与影响。笔者一直不断钻研、探索，并力图在实践的基础上，将所学、所思、所感完整地记录下来，与广大设计者分享、交流。

版式设计可以通俗地称为编排。编排是一门学问，并不是简简单单的排列组合，设计者所要面对的巨大的设计工程，其实是一种艺术创作。正如靳埭强先生在《设计心法100+1：设计大师经验谈》中提到的："艺术家与设计师的基础是类同的，只是设计基础包含多一些理性的科技的学科知识，而艺术则包括另一类文化的哲思性的学科知识。然而，两者是可以互补的，设计基础可以帮助艺术家创作；艺术基础能令设计师的创作更精彩。"

本书将以全新独特的视野带领读者走进版式设计的世界，通过印象、初识、相知与会通四大版块内容，循序渐进地为读者讲解编排工作基本的知识、规则以及经验，并通过实际项目案例来展示版式设计理论的实践方法，分享设计思路与策略，让读者能够从不同层面理解设计的本质。这也正是本书题目"版式设计——从规则到创意经营"的由来。

本书利用多元化的案例来解读版式设计的规则与创意经营。需要注意的是，书中重点提到的"规则"与"创意经营"，并不是说设计师要以固定的模板或某种模式来完成编排工作，而是用实例告诉广大设计者，要更加深刻理解与把握各视觉信息元素，明晰如何处理它们之间的关系，并能将生活、工作中的经验与情感融入其中。同时，设计者应明白，掌握设计语言并利用设计语言去表达，有助于培养设计构思、创新与应对能力，能够真正做到学以致用、举一反三。

笔者衷心希望，本书能够让广大读者对版式有新的认识，能够对读者们未来的设计工作起到积极的参考与指导作用。希望读者们能够通过不断地实践，真正爱上设计，享受设计，创新设计。为了更直观地讲解相关理论，书中使用了一些优秀案例，在此向相关作者们深表谢意！需要说明的是，书中图片上的字符可能存在不规范之处，为了尊重原作版权，我们进行了保留处理。

由于编著者水平有限，书中若有疏漏、不足之处，欢迎批评指正。

王　武

2022年7月

目录

4. 第四章 会通

编排的创意经营

参考文献

Chapter one

第一章　印象

编排打造视觉之美

1.

一、版式设计概述

版式设计是一门关于编排的学问，是艺术与技术的高度统一，考验着设计师自身的综合素质。

随着社会的进步，版式设计逐渐形成了一个独立、成熟、专业的设计学科体系，是现代设计的重要组成部分。作为视觉传达的重要手段，它早已融入了我们生活之中。可以说，编排无处不在。

1. 版式设计是什么

版式设计是一个由繁杂到有序、从概念到物化的艺术创作。

版式设计，也称编辑设计（Editorial Design），遵循设计的基本原则，是将文字、图形、色彩、符号等所有的视觉元素进行优化、调和，以最优先的视觉与逻辑顺序在有限的版面上布局经营，使文本内涵得到最佳传达的设计类型。

2. 构建视觉信息之间的逻辑关系

逻辑一词来源于英文Logic的音译，《辞海》中的解释为“关于思维形式及其规律的科学”。它的主要作用是研究推理、论证的规律与规则，帮助人们正确地认识、理解客观事物。对于版式设计来说，设计师需要构建出信息之间的逻辑关系，才能形成一个和谐统一的视觉传达体系，使主题内容条理清晰，让整个版面富有节奏与韵律，自然地引导读者愉快地阅读与思考，使读者在极短的时间内产生代入感，让阅读真正成为悦读。

设计师应当有志于做物有所值的书，让读者产生身临其境的阅读体验，使他们真正受益匪浅。如何体现出真正的“物有所值”，需要设计师从原始文本信息的整理加工入手，特别是从对文本理解、图片应用以及信息可视化这三个方面入手，最终在逻辑关系的作用下，构建出一个有序的空间浏览顺序，把原本看似枯燥无味的内容变得生动有趣、通俗易懂，将其最好的一面展现给读者（图1-1）。

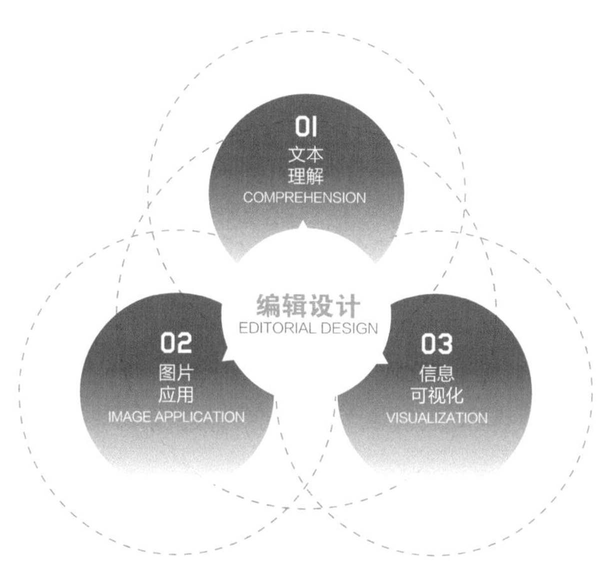

图 1-1　构建视觉信息的逻辑关系

01 文本理解

设计师需要对文本进行深入理解与把握，从全方位的视角对其进行整理、归纳、审阅与提炼。根据文本的主题、体裁、风格与受众群体等规划出明确的设计方案，这将会对后面的编排工作起到重要作用。

02 图片应用

对图片的合理应用，可有效吸引读者的注意，激发阅读兴趣。图片必须要与文本内容紧密关联，达到“图文并茂”的效果，让读者有一种身临其境的阅读体验。

在对文本内容审视的过程中，设计师可将有价值的地方进行标注，把抽象、繁杂的内容转化成直观易懂的图形化信息，利用视觉化表现做到清晰地传达。

二、版式设计的目的

版式设计的目的是将杂乱无章的信息通过编排建立一种平衡、有序的全新版面，使其以最佳的视觉效果呈现，不仅凸显主题与设计意图，而且提升画面的编排美感，最终将信息以最直观、有效的方式进行传递，同时引起观者的情感共鸣（图1-2）。我们也可简单地将版式设计理解为根据内容的重要程度来划分信息之间的层级关系，通过编排让主要内容更容易被发现，将次要内容则作为辅助信息，帮助人们认识与理解。

图 1-2 《累了么，来推拿》编排前后的视觉效果对比

三、版式设计的应用范围

在平面设计中，版式的应用已渗透到我们生活的方方面面，具体涉及招贴设计、插画设计、书籍装帧设计、画册设计以及期刊设计等。

1. 招贴设计

招贴设计，也称“海报设计”“宣传画设计”，从字面上可理解为以张贴的形式来快速吸引观者注意的设计。招贴设计分为公共与商业两大类别。两者虽侧重的主题方向不同（公共招贴侧重于社会所关注的公益主题，而商业招贴主要针对商业活动与消费需求等方面），但本质上都意在要达到广而告之的目的。

招贴设计传播效果的好坏取决于创意与编排。好的创意能够将编排完美演绎，出色的编排可以让立意更加深远，两者相辅相成，缺一不可。简单地说，没有创意与编排的招贴设计，就是一张没有灵魂的草稿。正如图1-3所示的第三届亚洲艺术节宣传海报，利用网格将整个版面空间水平分割为五个部分，分别是主题信息、印度舞者的发饰、中国戏曲的眼部化妆、泰国面具的鼻形及日本浮世绘版画的口部图形，最终组合成一个完整的脸谱图案，产生出强烈的视觉新形象，同时也呼应了亚洲各国文化交流的主题。

图1-4是以抗击疫情为主题创作的海报。

以纸飞机作为画面的主视觉元素，寓意着希望、梦想与拼搏。运用正负形的创意表现手法，以重复的形式在版面上布局经营，营造出一种强烈的色彩对比与视觉方向，意在凸显逆行者的无畏与担当——在逆境中砥砺前行。

图1-3　招贴设计《第三届亚洲艺术节》/ 靳埭强

图1-4　招贴设计《逆·行》/ 王武

2.插画设计

插画设计作为现代设计中的一种重要的视觉传达形式，具有直观生动的形象与强烈的艺术主题感染力。利用编排，将文字信息完美融入其中，能够表达出更深层次的内涵（图1-5、图1-6）。

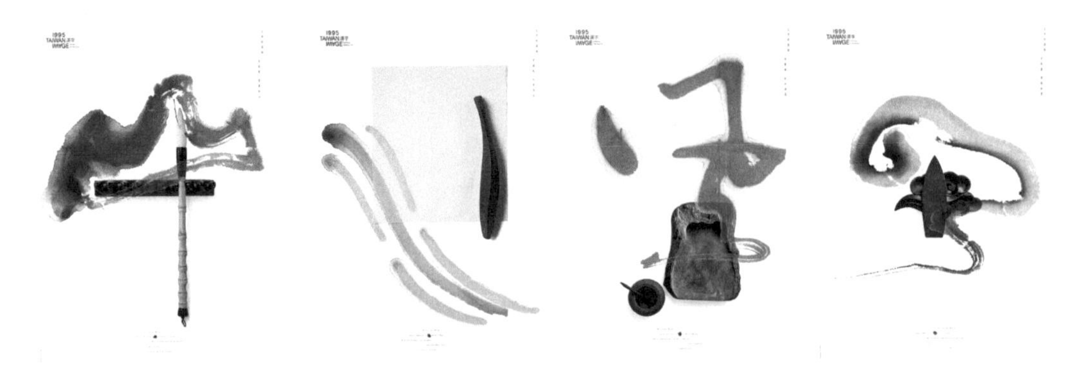

图1-5 《文字的情感》/ 勒埭强

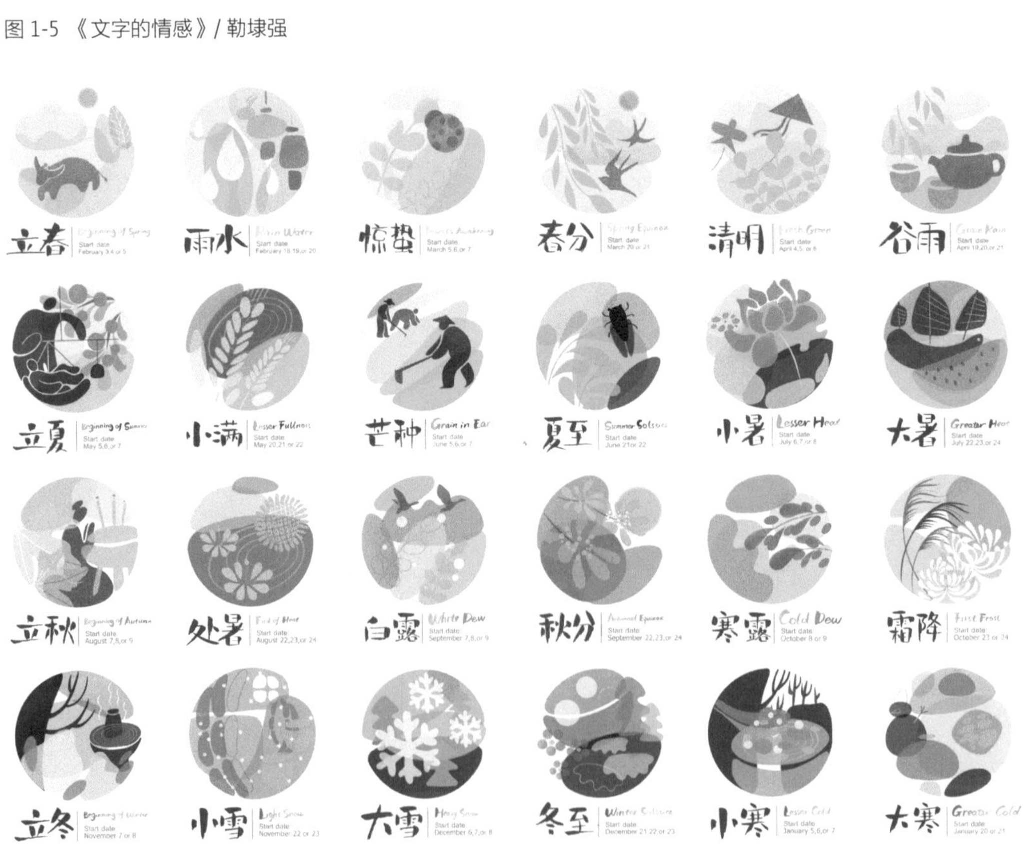

图1-6 插画设计《和韵二十四节气》/ 邵陆芸

3. 书籍装帧设计

与招贴设计相比，书籍装帧设计就显得“立体”多了。

大多数人会认为，书籍只是封面设计与内页排版的结合体，其实不然，设计师们所要面对的是一个信息量巨大的工程，是需要通过编辑、编排以及装帧等工作流程来最终完成的。简而言之，一本书的诞生要经历从局部到整体设计，从文本信息到视觉化传达，从抽象意识到物化形态的创作历程（图 1-7）。

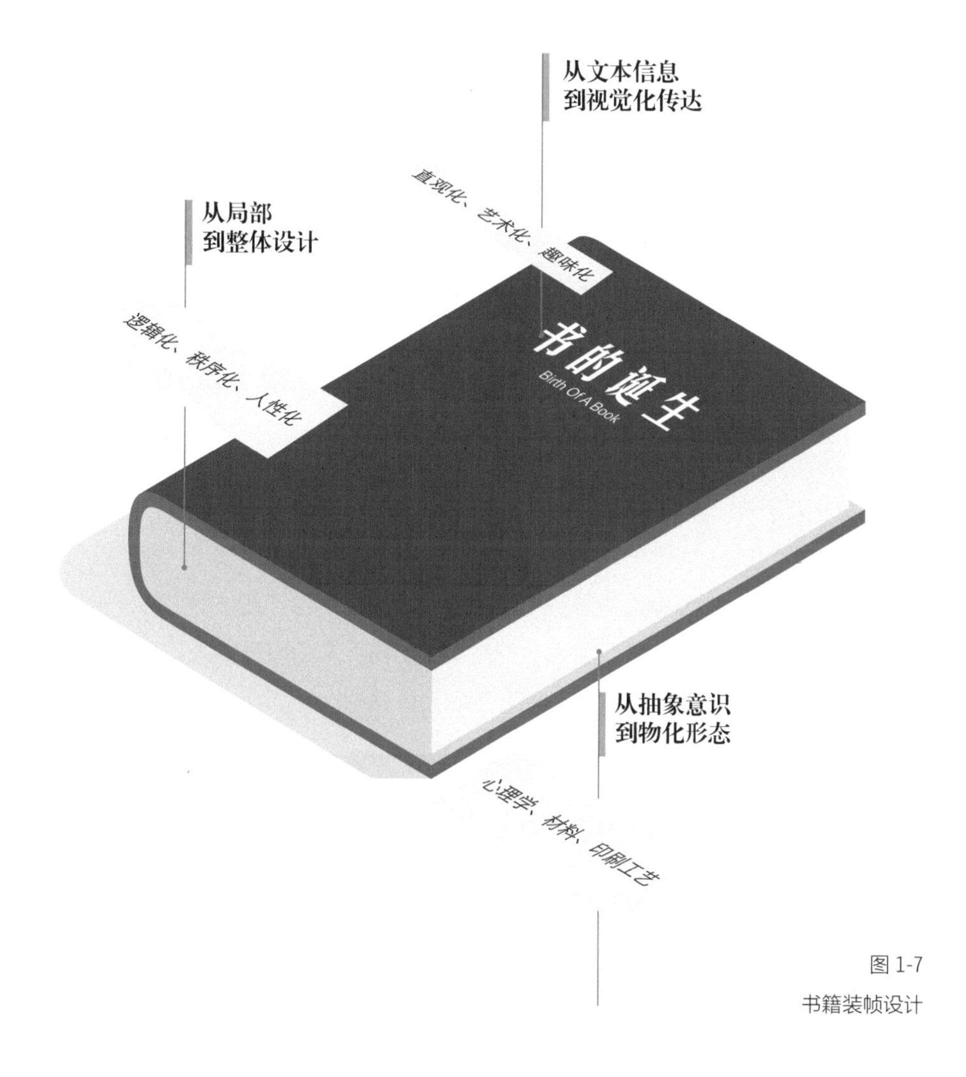

图 1-7
书籍装帧设计

一本美书，在细微之处往往体现着编排之美，让读者感受阅读美感的同时，心灵也得到了洗礼。

《不裁》一书主要采用了中国传统的“毛边纸”形式，保留着纸张的原始质感，给人的第一印象就是简洁、质朴、文艺（图1-8）。全书不论在内容还是装帧设计上无不体现出设计师的用心与创意，扉页中用卡纸做的模压小刀，可作为书签，也起到了裁开书页的作用，让读者与书之间产生了互动，使阅读体验充满趣味。同时，在翻阅的过程中，读者能够真切地体会到边看边裁的设计理念，让阅读回归本真。

图1-8 《不裁》/ 朱赢椿

《姑苏繁华录：苏州桃花坞木版年画特展作品集》一书在设计上打破了传统，从里到外散发着典雅与现代并存的气质（图1-9）。书封采用了楔形状镂空工艺，如同制作一块被木刻刀刻过的等待印刷的木版，这也契合了此书的主题——桃花坞木版年画。该书最大的特色就在于使用了汉字与英文的组合排版，利用衬线体与非衬线体产生强烈的视觉冲击，提升了阅读体验感。

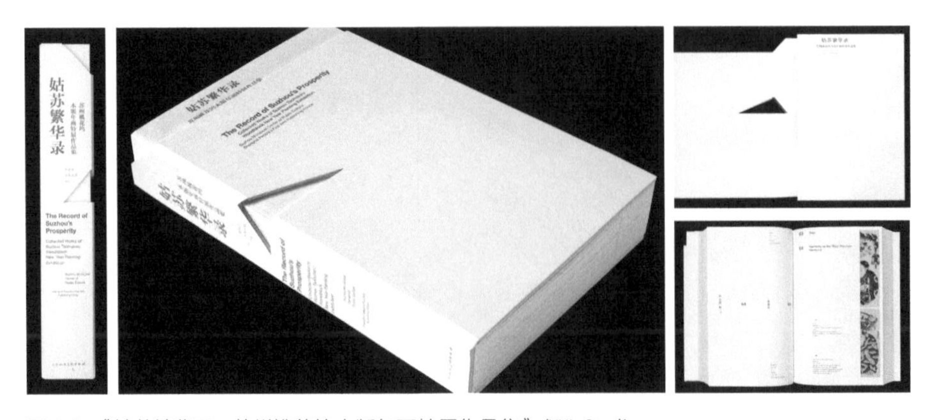

图1-9 《姑苏繁华录 - 苏州桃花坞木版年画特展作品集》/XXL Studio

4.画册设计

画册是企业或个人展示自我、对外宣传的窗口。

以企业画册为例，画册的设计应该从企业自身的性质、文化、理念、地域等方面出发，依据市场推广策略，合理安排印刷品画面的三大构成关系和画面元素的视觉关系，从而达到广而告之的目的。[1]

一本优质的画册除了给读者带来视觉上的享受之外，还能够彰显企业内在的精神，提升其品牌形象（图1-10）。

图1-10　画册设计 / 王武

---

[1] 南征.设计师的设计日记.北京：电子工业出版社，2012.

5.期刊设计

期刊是一种连续出版的读物，设有固定的刊名、要目、刊号等标志性信息（图1-11）。特别是对于商业刊物来说，常常利用编排的手段来突出风格、彰显个性，给人留下深刻印象（图1-12）。

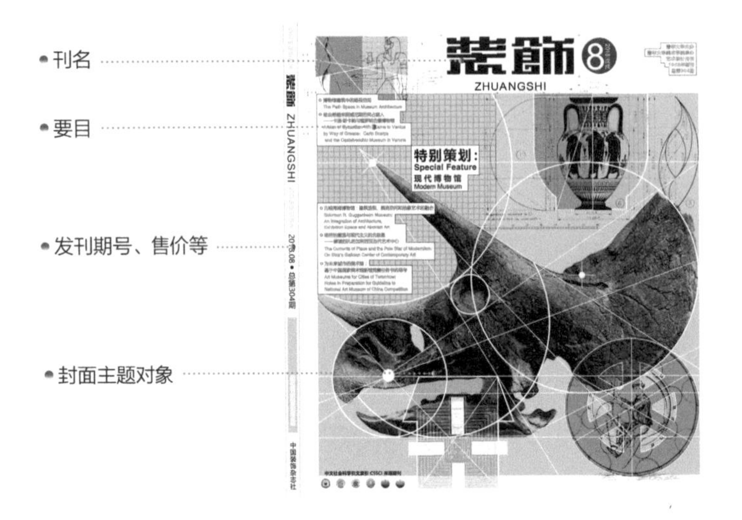

图1-11　期刊的构成

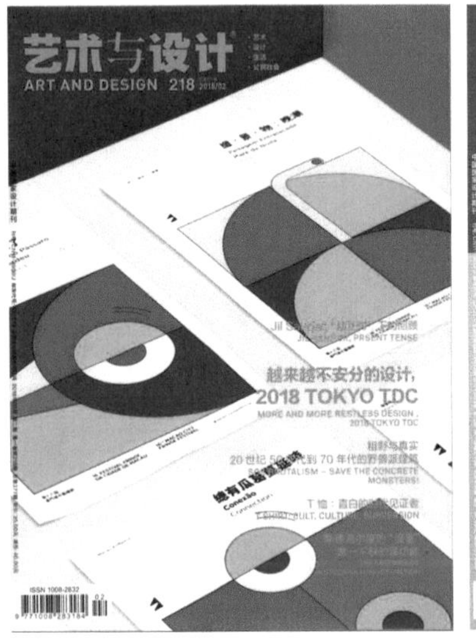

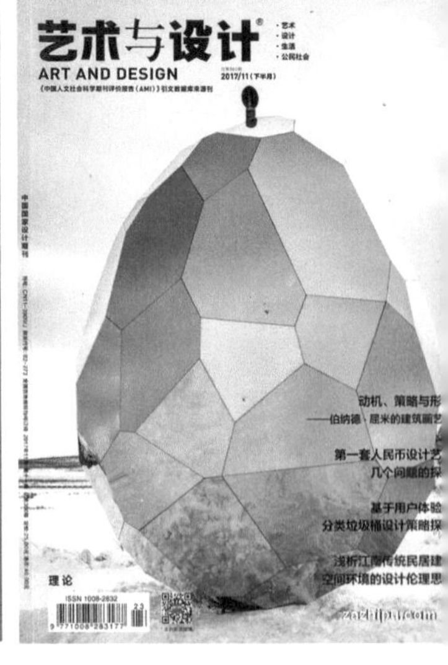

图1-12　期刊《艺术与设计》

四、版式设计的魅力

好的版式除了赋予作品视觉美感之外，还具有丰富的内在情感色彩，能够让读者产生共鸣。

版式设计的应用价值在于，编排赋予文本逻辑与美，打造视觉印象，用最佳的方式来帮助人们更高效、快速地获取信息。这种所谓的最佳方式其实没有固定、统一的标准，设计师围绕主题风格、版面需求，凭借个人审美经验，再利用编排艺术构建出最终的视觉效果，就像演奏同一张乐谱，利用不同乐器自然会带给人们与众不同的视听效果与心理感受一样，这正是它的魅力所在——用编排艺术来打造人们的视觉印象。

正如电影《黄金时代》一样，设计师黄海从不同地域、文化、审美等的视角设计出六款不同主题风格的招贴。电影虽未上映，就已经征服观众的心，这也足以证明编排的艺术魅力。

图1-13所示的这张海报作品主要使用了泼墨的艺术表现，让画面产生了一种强烈的视觉冲击，体现了中国风的韵味，在水墨的演绎之中，将无序变为有序，融入对主题的情感表达（图1-13）。

图1-13 《黄金时代》水墨篇 / 黄海

图1-14所示的这张海报作品中融入了汉字元素的组合。宋体字笔画初露锋芒且虚实有度，丰富了视觉的空间层次效果，意在表达，以笔为刀，文人气息十足。

图1-15所示的这张海报作品的创意灵感来自电影中的一句话——“即使身世如浮在水面的羽毛般飘零，也可以心中有天地，一切都是自由的”。画面营造出青灰色基调，给人带来了离别、忧郁的感受。

图1-16所示的这张海报作品采用了交融的艺术表现手法，将视觉元素相互融合，具有很强的视觉冲击力，并且又增添了情感色彩，使画面变得简洁有力。

图 1-14 《黄金时代》笔锋篇 / 黄海

图 1-15 《黄金时代》中国台湾版 / 黄海

图 1-16 《黄金时代》韩国版 / 黄海

图 1-17 《黄金时代》日本版 / 黄海

图 1-18 《黄金时代》美国版 / 黄海

图 1-17 所示的这张海报作品将嬉笑的人物与水墨相搭配，风格素净、雅致，让人记忆深刻。

图 1-18 所示的这张海报作品采用了同构的创意表现，将黄金、钢笔、人物、梅花有机结合在一起，展现了一笔、一人、一枝寒梅傲然立雪的文人情怀。

Chapter two
第二章　初识
编排的基本规则

2.

一、纸张

1.物料的选择——纸张

《考工记》说："天有时，地有气，材有美，工有巧，合此四者，然后可以为良。"可见，材质早已受到古人的特别关注与重用。

书籍的发展其实与物料的变化有密切的联系：从起初的石器、龟甲、简牍，接着过渡到了陶瓷、青铜、锦帛等，最终又有了麻纸、蔡侯纸。中国造纸术的发明不仅推动了世界文化的发展与交流，而且对人类文明的发展也产生了深远的影响。直到现在，纸张作为记录、传播信息的载体，已成为人们日常生活、工作中不可缺少的一部分。

作为设计师，不能止步于编排这一层面，还应该多关注对物料——纸张的选择。纸张的原材料主要取自植物如亚麻、黄麻、芦苇、竹子、棉花等的纤维（韧皮），经过制浆、调制、抄造等工艺流程最终制成纸张。从古法工艺到现代制浆新技术的应用，不仅丰富了纸张的肌理、质感、色彩等，而且还给现代设计提供更为广阔的空间。

纸张作为传统纸媒最基本的物料与载体，我们必须了解它，把握其肌理、色彩、韧性、着墨等方面的特性，将其独特的美感融入整个设计之中，借助纸张的材料语言来达到无声胜有声的境界，全方位提升读者的阅读体验（图2-1）。现在电子书虽盛行于世，却始终无法动摇传统纸媒的地位，这也恰恰体现出纸张的价值与魅力。

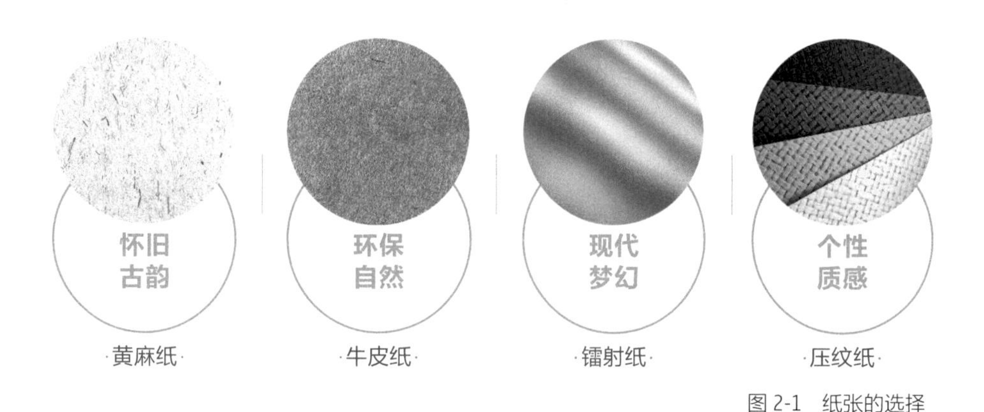

图2-1　纸张的选择

图 2-2　新闻纸

纸张自始至终散发着一种由内而外的韵味，体现了自然之美，能够让人通过触碰感知它的温度与情感。特别是在现代设计中，设计师更加需要注重设计与物料的完美搭配。优秀的书籍设计作品不仅仅在于设计上的出众，它所选用的纸张同样也蕴含着与主题相同的气韵，从而拉近与读者之间的距离，让人印象深刻。

（1）新闻纸

新闻纸是报刊的主要用纸，纸质轻薄，吸墨性强，但其原料含有大量的机械木浆与其他杂质，存放时间过长，纸张容易被氧化变质发黄（图2-2）。

图 2-3　铜版纸

（2）铜版纸

铜版纸也称印刷涂布纸。就是在原纸表面涂上一层涂料，经过压光机加工而成，使纸张表面平滑、吸墨着墨性能较好。依据铜版纸表面的光滑程度主要分为光面铜版纸与无光（哑光）铜版纸。它的应用范围非常广泛，主要用于印刷名片、挂历、招贴、书籍封面、画册等（图2-3）。

图 2-4　胶版纸

（3）胶版纸

胶版纸，也称为“道林纸”，属于一种较为高档的印刷用纸。该纸质地紧密，平滑度好，吸墨均匀，色彩还原度较高，主要用于印刷书籍封面和内页、地图、宣传画、彩色商标、各种包装品（图2-4）。

图 2-5　玻璃卡纸

（4）玻璃卡纸

玻璃卡纸也称铸涂纸，具有镜面反射效果，以及极高的平滑度与光泽度，多应用于请帖、贺卡、高端化妆品包装等（图2-5）。

2.纸张的情感表达

不同纸张的应用会直接关系到印刷品质，最重要的是它能够给读者带来超越视觉以外的触觉、嗅觉与听觉等真实的体验感受。在现实设计工作中，选定同一种类型的纸张，但分别采用不同克数来印刷，最终的印刷品必然让人在视觉、触觉以及心理层面上产生较大差异。

在书籍装帧中，设计师作为书体的创作者，不仅要读懂作者的用心，还要抓住读者的心，运用自身的艺术修养与经验，同时注重对纸张选择、印刷工艺等的运用，最终以完美的方式展现书之美，让书自然而然地散发出独特的韵味。

书籍作品《八木一夫——现代陶艺》，单从整体外观上看显得朴拙、古旧，封面设计上没做过多的装饰，封面纸张选用了肌理丰富的黑色艺术纸张，远远看上去像一块陶土，散发着质朴、自然的气息，十分含蓄。这恰好与书的主题内涵不谋而合，将陶艺家八木一夫的美学理念融入书籍之中，给人带来与众不同的视觉印象（图2-6）。

图 2-6　书籍装帧《八木一夫——现代陶艺》/QQQQ DESIGN

《墨香书条石》在整体设计上采用了旋风装、筒子页、折页等仿古装订工艺，用绵软有韧性的宣纸作为载体，与主题内容完美结合，在视觉与触觉上体现着古色、古香、古韵，并利用合适的编排设计语言将东晋“二王”的书法作品精髓以最佳的视觉效果传达出去，让读者深刻体会到古代碑帖与书法艺术的魅力（图2-7）。

一本美书映入眼帘，应当让读者如同在与作者进行一场心灵深处的对话，在读者触碰的一刹那亦能感受到纸张带来的那份情感与温度。

图 2-7　装帧设计《墨香书条石》/ 郭渊、郭凡

3. 印刷纸张

在生活工作中，纸张是人们再熟悉不过的东西，人们经常跟它打交道，但很少有人去在意它，人们甚至感受不到它的存在。其实纸张蕴藏着很深的学问。纸张的品种繁多，主要分为包装用纸、工业用纸、生活用纸、印刷用纸、办公用纸以及特种艺术用纸等，在这里我们具体来讲解一下与版式紧密联系的纸张——印刷用纸。

对于纸媒设计来说，一切编排都是从纸张尺寸的设定开始的。常见的国际标准尺寸的印刷品纸张分为A、B、C三种型号，即A型纸=841mm×1189mm，B型纸=1000mm×1414mm，C型纸=917mm×1297mm（图2-8）。

国际标准印刷纸张（A、B、C）尺寸

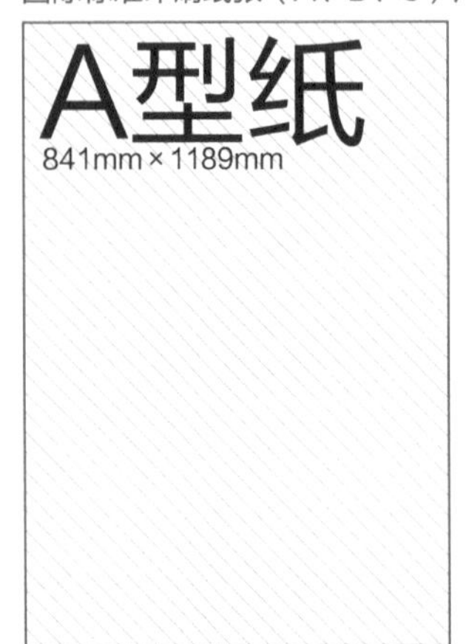

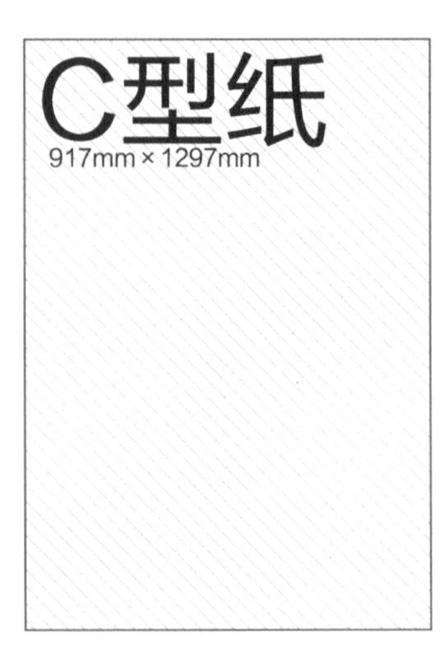

图 2-8　纸张——A、B、C 型的尺寸

纸张的尺寸是由纸本身的面积和各边的关系、比例限定的。[1]其中，A型纸张的应用最为广泛。A0=841mm×1189mm，面积为1m^2。现如今，随着科学技术的发展，设计不再受标准纸张与机器尺寸的限制，市面上也会出现有个性创意的印刷品。在实际项目中，设计师应首先考虑到印刷是否可行，同时还要关心成本的问题。

4.德国工业标准比例

A4纸作为国际标准印刷纸张，可以追溯于19世纪的工业时代，至今在世界大多数的国家仍广泛使用，这也证明了它具有强大经济优势与发展潜力。

目前流行的印刷用纸都遵循国际标准化组织（ISO）所定义的纸张尺寸标准ISO 216，这源于1922年德国工业标准（DIN 476），即1 ∶ 1.414（图2-9）。

A号纸每次对折后的长宽比值依然为1 ∶ 1.414，在印刷中不会造成纸张资源的过度浪费。对于A4纸的由来，我们可以理解成由A0纸前后对折4次所形成的纸张大小（图2-10）。

德国工业标准比例

1:1.414

DIN指德意志标准化学会（Deutsches Institut fűr Normung）及其制定的“德国工业标准”。纸张尺寸德国标准DIN 476后来成为国际标准ISO 216。中华人民共和国国家标准GB/T 148-1997《印刷、书写和绘图纸幅面尺寸》中A、B系列也等同采用了ISO 216标准。

图2-9　德国工业标准比例

---

[1] [德]汉斯・鲁道夫・波斯哈德. 版面设计网格构成. 郑微，杨翕丞，王美苹，译. 上海：上海人民美术出版社，2020.

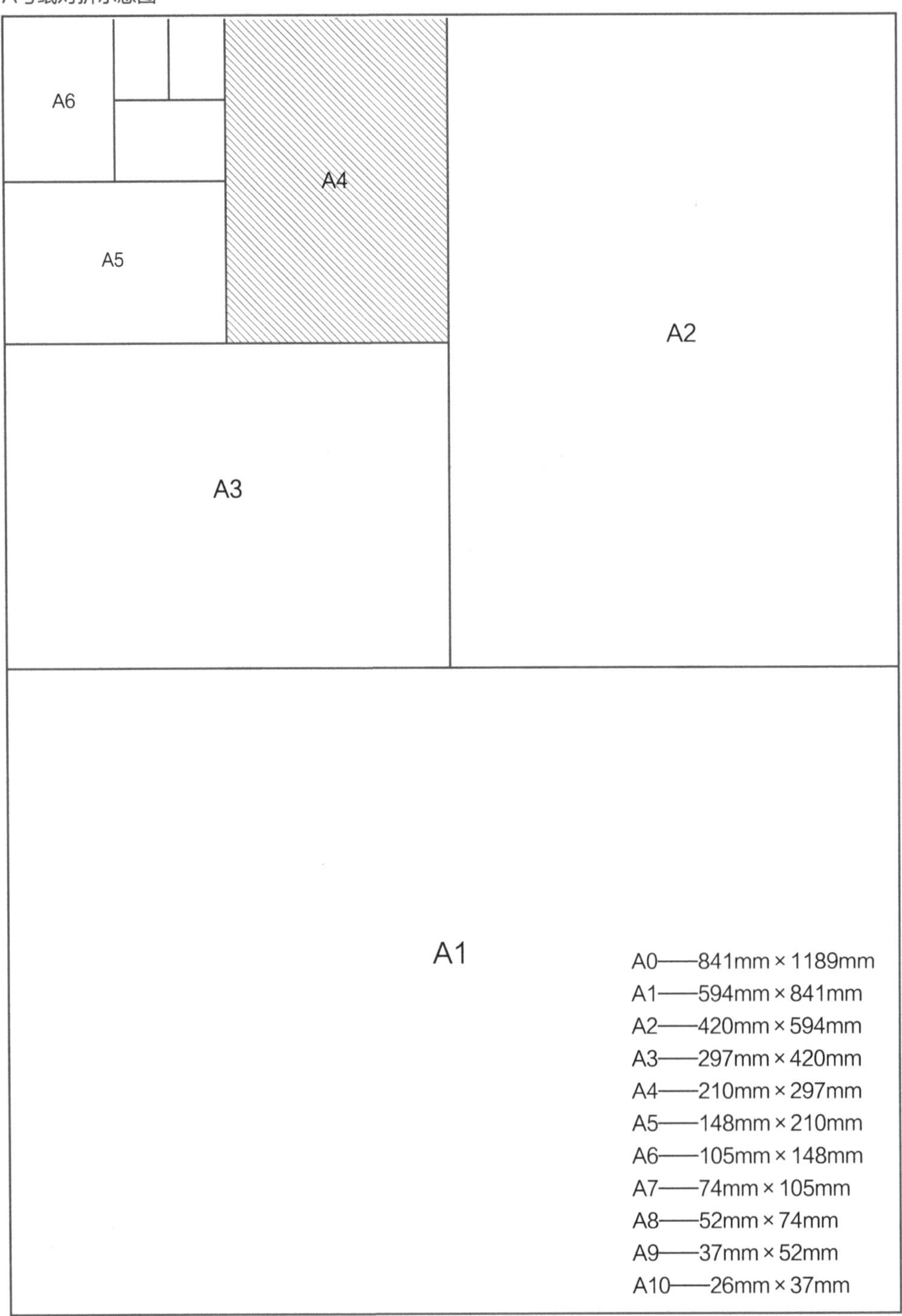

图 2-10 A 号纸对折示意图

二、开本

1.什么是开本

开本是指印刷品幅面的具体尺寸规格，简单地说就是设计对象的长与宽。目前常用的全开纸张有四种规格，分别为787mm×1092mm、850mm×1168mm、880mm×1230mm、889mm×1194mm。市场上出版的书籍几乎都是根据这四种全开纸张类型来设定的。它们的主要优势就是可以裁剪出最多的纸张数量，避免造成纸资源的过度浪费，从而降低印刷成本。

一般情况下，将一张全开的印刷用纸沿着长度方向对折后裁切成相等的张数，并以“开”或“开本”为单位，即印刷品的开本参数。开本参数会被标注在书籍版权页中，例如787mm×1092mm，1/32，意思就是将787mm×1902mm纸张裁切成32张，即32开（图2-11）。

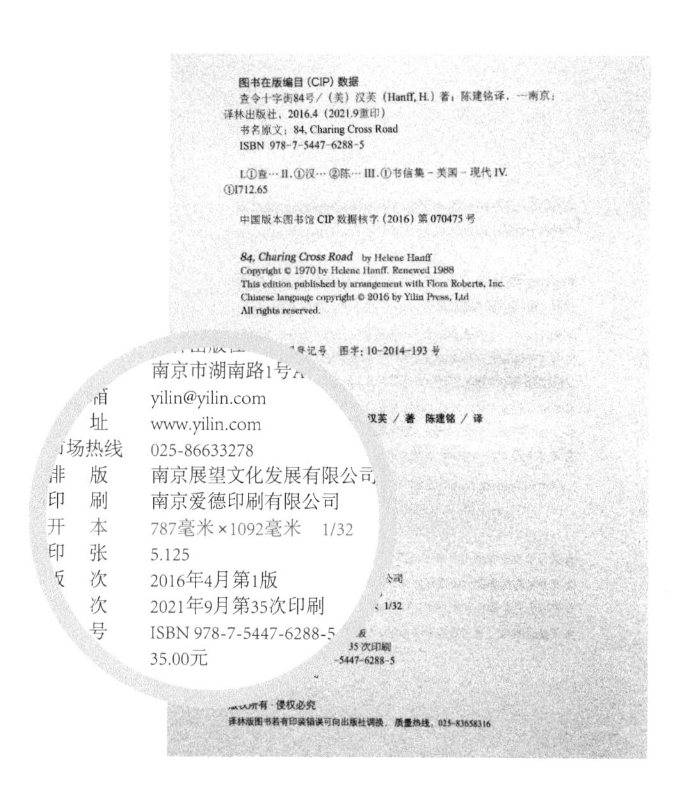

图书在版编目（CIP）数据
查令十字街84号／（美）汉芙（Hanff, H.）著；陈建铭译．一南京：译林出版社，2016.4（2021.9重印）
书名原文：84, Charing Cross Road
ISBN 978-7-5447-6288-5

I.①查… II.①汉… ②陈… III.①书信集－美国－现代 IV.①I712.65

中国版本图书馆CIP数据核字（2016）第070475号

84, Charing Cross Road by Helene Hanff
Copyright © 1970 by Helene Hanff. Renewed 1988
This edition published by arrangement with Flora Roberts, Inc.
Chinese language copyright © 2016 by Yilin Press, Ltd
All rights reserved.

记号 图字：10-2014-193号

汉芙／著 陈建铭／译

南京市湖南路1号

址 yilin@yilin.com

址 www.yilin.com

场热线 025-86633278

版 南京展望文化发展有限公司

印 刷 南京爱德印刷有限公司

开 本 787毫米×1092毫米 1/32

印 张 5.125

次 2016年4月第1版

次 2021年9月第35次印刷

号 ISBN 978-7-5447-6288-5

35.00元

所有·侵权必究

译林版图书若有印装错误可向出版社调换，质量热线：025-83658316

图 2-11

版权页中的开本参数

开本设计是编排的最初阶段。当开本尺寸确定之后，根据设计意图确立版心与页边距，才能顺利地开展后续设计工作。

不一样的开本尺寸，彰显出不同的主题与功能，给人留下不同的视觉心理感受。在现代设计中，开本作为一种视觉设计语言，反映了设计师对读者的关怀。例如小开本的读物轻巧精致，放在包里或口袋中可随时随地拿出来翻阅，相比之下大开本则多了些庄重与沉稳（图2-12）。

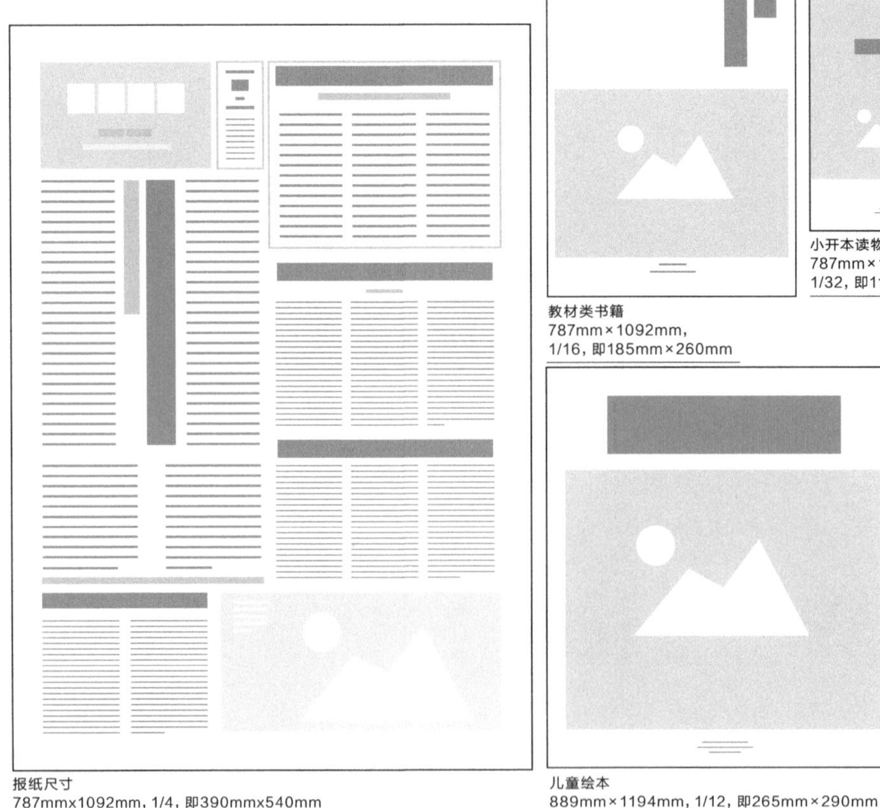

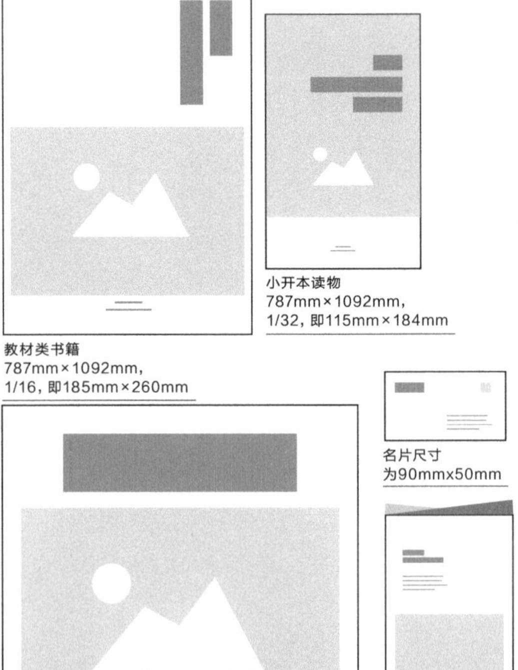

图2-12 不同开本尺寸

2.开本的用途

根据印刷品的主题与用途来规定开本的尺寸。例如报纸因涵盖了大量的图文信息，需要较大的开本；专著、教材因篇幅较多，一般会选用16开；对于工具书、文学读物，为了方便携带和阅读，常会选用32开；中小型字典、连环画则会选用64开，尺寸会显得更小（图2-13）。

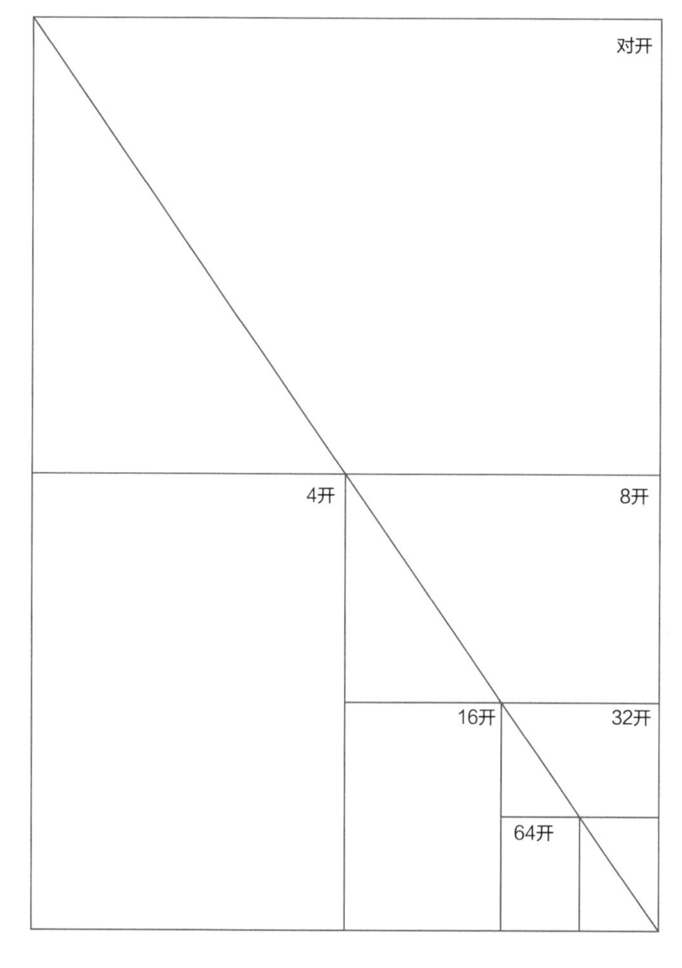

常用纸张开本尺寸

单位：mm（毫米）

开本	宽× 高	全张纸尺寸
6开	380×350	787×1092
8开	260×370	787×1092
16开	185×260	787×1092
16开（国际）	210×295	880×1230
20 开	125×140	787×1092
24 开	170×186	787×1092
32开（流行）	111×178	787×1092
32开（小）	130×184	787×1092
32开（中）	125×184	787×1092
32开(小长)	115×184	787×1092
32开（大长）	130×203	850×1168
64 开	95×126	787×1092

图 2-13　开本的大小

科技的发展与技术的进步必然会带动设计的崛起，于是人们逐渐重视设计带来的价值，大众审美水平同时也得到大大提升……那些具有特殊尺寸的开本必然会给读者带来强烈的视觉冲击，彰显创意与个性，具有收藏价值。

如图2-14所示的书籍《冷冰川》使用了对开开本，这不仅仅是一本大书这么简单，不论从设计、编排、印刷上还是从工艺上都体现出超高的设计水准与创意应用，将中国传统的装帧艺术风格（“推蓬式”册页形式）与现代设计相融合，凝练出非凡的东方气韵。

图2-14 《冷冰川》/周晨

书籍封面采用檀木与激光雕刻工艺，并配有一支木质书拨，利用它翻阅册页，既重现了中国古代文人的阅览方式，又充满了仪式感，除了拉近读者与书之间的情感联系之外，更多地体现了对书的敬畏与尊重。

三、版心与页边距

1.版心与页边距是什么

版心是页面的主视觉中心区域，位于版面的“C位”（关键位置），承载着所有视觉信息元素。页边距则是页面的边线到视觉信息的距离，是环绕版心四周的边框区域，上下左右分别称为上边距、下边距、左边距（切口）、右边距（切口）（图2-15）。

2.页边距的应用

在编排中，千万不要忽视对页边距的设计，它包裹着所有的视觉元素，起到了限定、丰富、装饰、支撑等作用，其比例结构以重复的形式应用在每一张页面之中，形成一种统一且独特的样式，能让读者充分感受到设计意图与主题风格。当我们在对艺术、文学等内容进行编排时，可适当地缩小版心，增加页边距的面积，简单地说，就是边框留白多一些，营造出典雅、宁静、文艺的感觉，而对于科技书、教材等，可适当缩减页边距的面积，提升信息在版面的空间利用率。

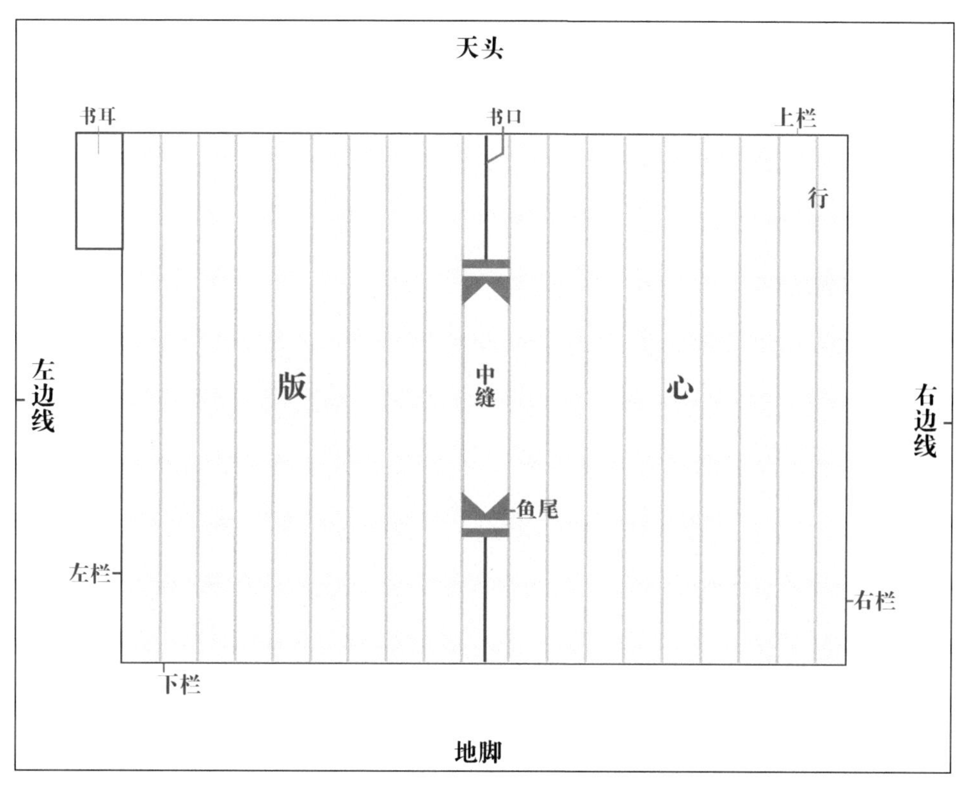

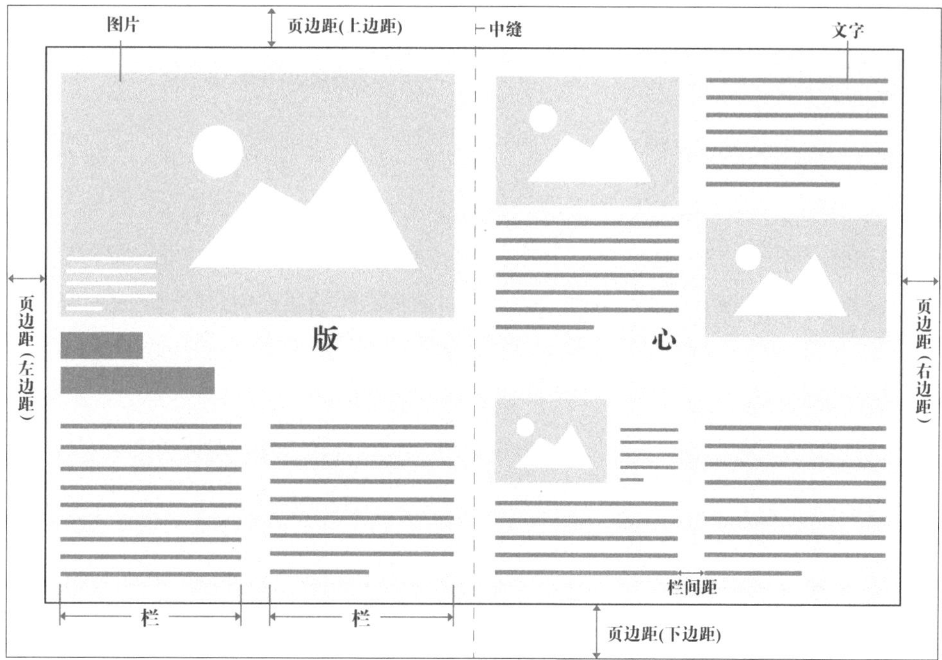

图 2-15　古代书籍版面与现代书籍版面的版心与页边距

在实际的编排工作中，设计师需要依据文本内容（包括主题风格定位、文字与图片信息的多少以及字体字号等方面）才能规划出合适的页边距尺寸。不同结构比例的页边距会使版面凸显出不同的气质与格调。下面用一个例子来验证不同的页边距给读者在视觉与心理上带来的差异感受（图2-16）。

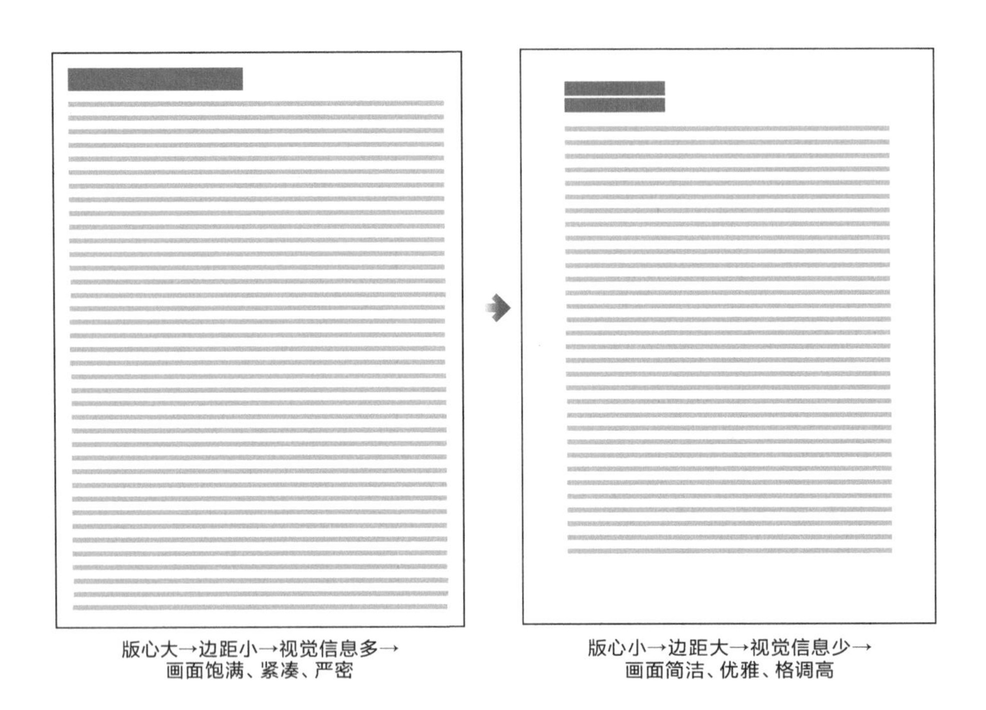

图 2-16　不同比例页边距带来不同的视觉感受

左侧版面中的文本信息充满了整个页面，可以说没有造成一丁点儿的空间浪费，但是它早已让读者失去了对阅读的兴趣。而在右侧的版面中，通过对文字与页边距离的调整，产生的空白区域可以有效缓解读者的视觉压力，对阅读产生了积极的作用。

在编排中，常见的有等距页边、相框页边、渐变页边以及对角比例页边等。

（1）等距页边

等距页边就是四周的页边离版心距离都相同，即页边距比例为1∶1∶1∶1，常被广泛应用，给人以一种自然、中规中矩的视觉感受（图2-17）。

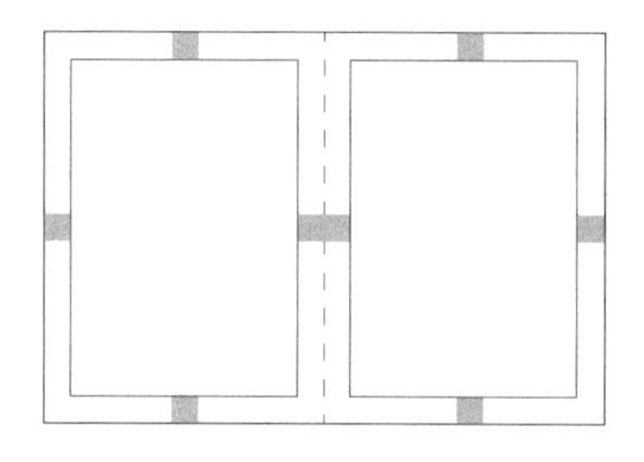

图 2-17　等距页边的应用

（2）相框页边

俗话说“三分画，七分裱”。相框页边的应用会使版心位于视觉中心区域，能有效提升设计美感。左右两页边距与上页边距离相同，但下页边距相对较宽，通常比例会设置为1∶1∶1∶2或1∶1∶1∶3，起到装饰的作用（图2-18）。

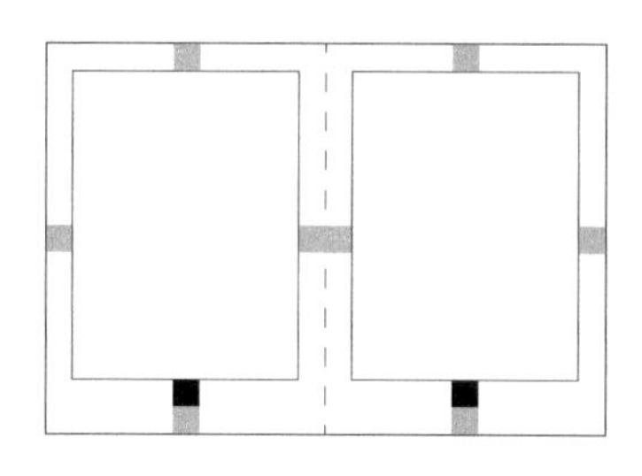

图 2-18　相框页边的应用

（3）渐变页边

顾名思义，将四周的页边依次呈现渐变阶梯式的比例关系，体现出数学之美。若将临近中缝的页边距设为a，以逆时针排序，页边之间的比例是a ∶ 1.5a ∶ 2a ∶ 3a（图2-19）。

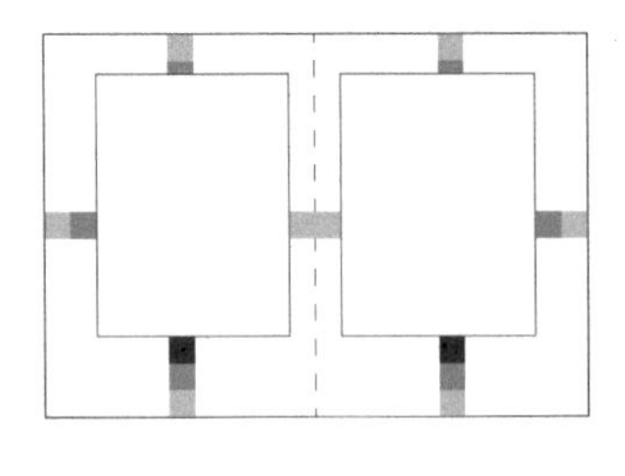

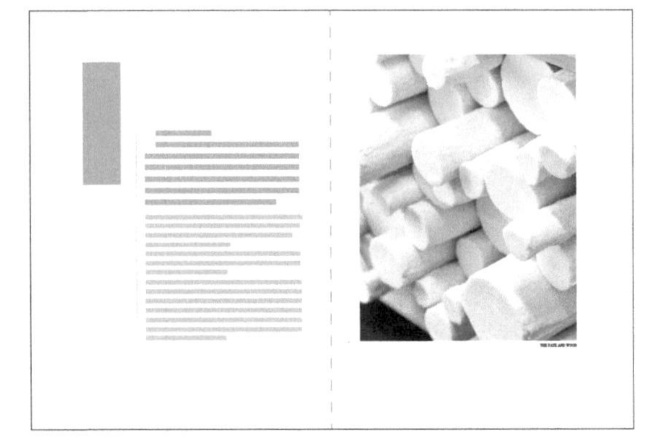

图2-19　渐变页边的应用

（4）对角比例页边

在页面上绘制出两条对角线，在此基础上确定版心的位置，版心区域的大小与纸张呈等比例关系（图2-20）。

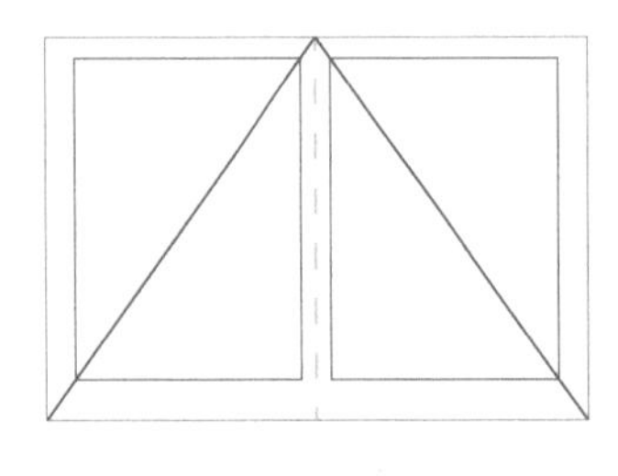

图2-20　对角比例页边的应用

3.什么是版面率

版面率是指版心占页面的面积比例，简单地说就是版面的利用率。

版心所占页面的面积大，称为高版面率，反之为低版面率。如图2-21所示，根据版面率的递增关系可分为空版（版面率0%）、低版面率、高版面率、满版（版面率100%）。

通常情况下，版面率越高，视觉冲击力越大，画面显得丰富、热烈；版面率越低，则页面显得越简洁、典雅与宁静（图2-22）。

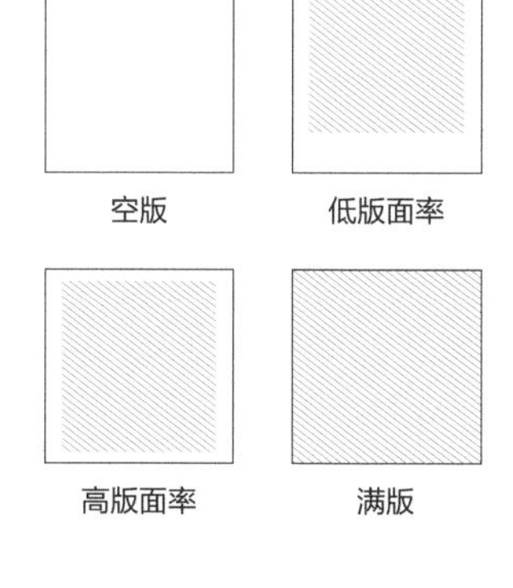

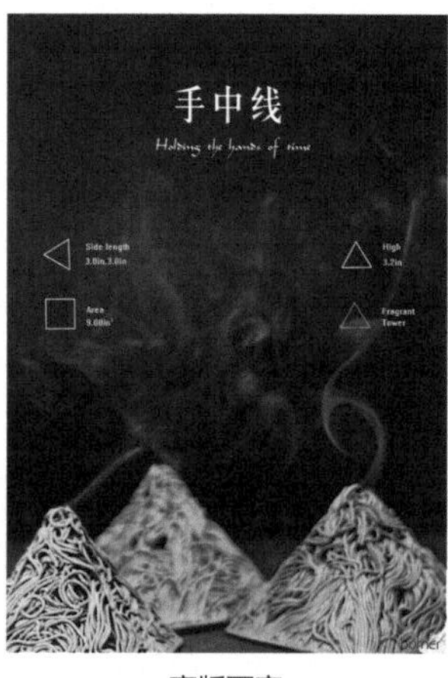

高版面率

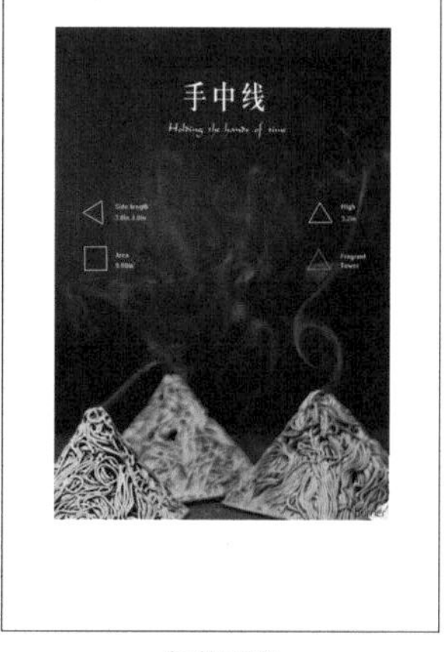

低版面率

图 2-21　不同的版面率

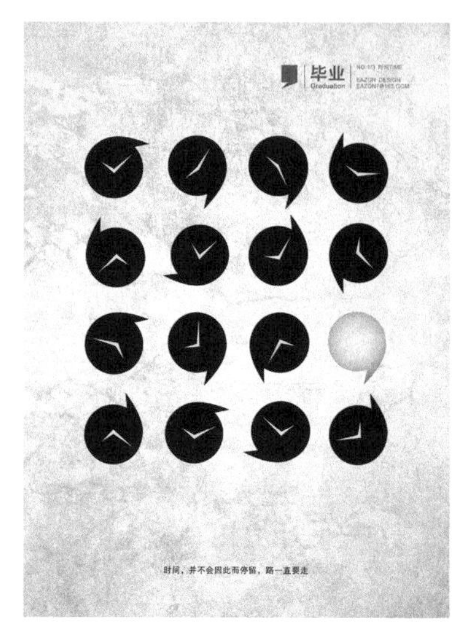

图 2-22

不同版面率的招贴设计

《毕业季》/ 尹政

4.什么是留白率

留白是指在页面中除了视觉元素以外的空间，即页面的负空间。

在页面中，留白的多少通常以留白率来表示。留白率与版面率有着密切的联系，版面率越高，则留白空间越少，留白率越低；相反，版面率越低，则留白空间越多，留白率越高。

同时，留白也是一种艺术手法，能够体现出简约之美。在编排设计中，常常利用负空间来凸显主体或起到视觉分割的作用，营造出不同的气氛与格调，让版面张弛有度、气韵生动（图2-23）。

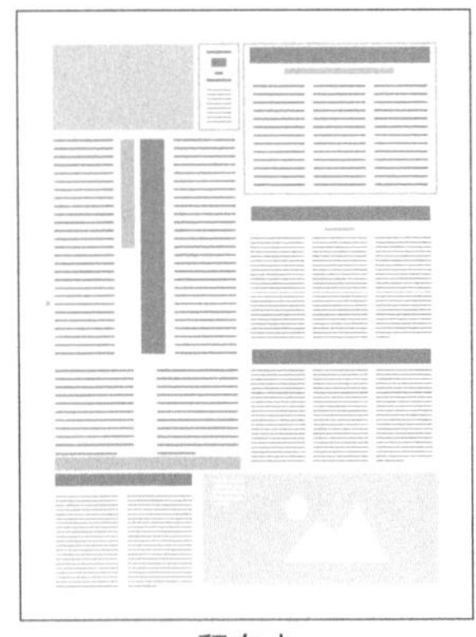

留白少
热闹、实用……

留白适中
适度、自然、品质……

留白多
雅致、安静、格调……

图 2-23 留白的应用

四、字体

1.什么是字体

字体（Typeface）是对字体样式的描述，也可以理解为文字的图形表达方式，它有着独特的视觉效果。

不同的字体会展现与众不同的具体形象，它们所流露出的视觉美学与情感也大不相同。选择合适的字体，可以显著提升阅读舒适度，给读者带来更优质的视觉体验。在设计中如何运用好字体取决于设计师本人对造型的感觉。[1]恰当的字体应用会让读者在阅读中感到自然流畅，甚至感受不到它的存在。

如图2-24所示，相同的文本信息，使用不同的字体会呈现出完全不同的视觉感受。左图的标题字体（非衬线体）结构粗犷，略显“扎眼”，字体风格偏向理性，不具有情感色彩，在视觉与心理上无法让人感受到家的温馨与美好。相比之下，右图的标题字体（衬线体）看起来会让人感到恬静、舒适。

理性、粗犷且无情感色彩……

感性、有韵味且带有情感色彩……

图2-24　不同字体应用带来不同的视觉感受

2.字体的类型

根据结构特征的差异，字体大体可分为衬线体、非衬线体与手写体。

（1）衬线体

衬线体就是笔画的始末端带有细节装饰，并且有粗细之分。常见的衬线体有

---

[1] [瑞士]约瑟夫・米勒-布罗克曼. 平面设计中的网格系统. 徐宸熹，张鹏宇，译. 上海：上海人民美术出版社，2016.

宋体、Caslon（卡斯龙体）、Garamond（加拉蒙体）、Clarendon（卡拉伦登体）、Times（泰晤士体）等（图2-25）。

E D I T O R I A L D E S I G N

我是衬线体 华文宋体 GARAMOND GARAMOND

我是衬线体 长城黑宋体 TIMES TIMES

我是衬线体 方正小标宋简体 CASLON CASLON

我是襯綫體 漢儀長宋繁 CLARENDON CLARENDON

图 2-25 衬线体

宋体，为印刷而生。

宋体结构横细竖粗，笔画末端处带有三角形装饰细节，属于衬线字体。常见的中文衬线体有方正宋体、华文宋体、思源宋体等类型，一般应用在传统纸媒印刷（书籍、画册、报纸等）的正文排版之中，可读性较高，能给人留下经典、优雅、端正、秀丽等视觉印象（图2-26）。

宋体的风格与内涵

- 具有中国文化特征，具有审美韵味
- 字形结构横细竖粗，带有细节装饰
- 具有丰富的情感色彩，格调高雅

宋体的适用范围

- 宋体，为印刷而生，可读性较强
- 一般应用在传统纸媒的正文排版之中例如海报、书籍、画册、报纸等

图 2-26 宋体的应用

(2)非衬线体

非衬线体就是笔画始末处没有过多的额外装饰且粗细相差不大。常见的非衬线体有黑体、Berthold(贝特霍尔德体)、Helvetica(赫尔维提卡体)、Univers(于尼韦尔体)等。常被应用在海报、标语、网页、App等排版上,给人一种强烈、醒目、简洁、现代等视觉感受(图2-27)。

E D I T O R I A L D E S I G N

我是非衬线体	黑体	ARIAL	ARIAL
我是非衬线体	方正兰亭粗黑	CALIBRI	CALIBRI
我是非衬线体	华文中黑	TAHOMA	TAHOMA
我是非襯綫體	漢儀超出繁體	HAETTENSCHWEILER	HAETTENSCHWEILER

图2-27 非衬线体

黑体,笔画始末没有任何细节装饰且笔画粗细一致,属于非衬线体。常见的有微软雅黑、汉仪黑体、方正黑体、思源黑体等类型(图2-28)。

黑体的风格与内涵

- 具有现代、理性等特征
- 字形结构方正,棱角分明,粗壮有力
- 没有明显的情感色彩

黑体的适用范围

- 黑体相对醒目、稳重,画面感强烈
- 黑体字一般应用于标题、标识等,目的就是强调重要的信息

图2-28 黑体的应用

（3）手写体

手写体是一种使用软、硬工具纯手工书写的字体，风格多样，追求个性、情感的表达，具有很强的视觉冲击力（图2-29）。

E D I T O R I A L D E S I G N

我是手写体 龙吟体

我 是 手 写 体 汉隶书法体

我是手写体 方正瘦金体

我是手寫體 文悦古典明朝體

图2-29 手写体

书法体属于手写体的范畴，它的应用是一种将信息与情感表达相结合的视觉表现。常见的有篆书、隶书、草书、行书、楷书。它们的造型结构丰富，自由性强，具有独特的艺术魅力，且带有丰富的情感色彩，越来越被现代设计所青睐（图2-30）。

手写体的风格与内涵

- 造型丰富，形态各异
- 字形结构自由，有较强的笔触感
- 个性，富有温度与情感色彩

手写体的适用范围

- 可塑性较强，便于组合搭配
- 一般应用于主题标题，目的是为了凸显主题氛围，达到画龙点睛的视觉效果

图2-30 手写体的应用

3. 字体的应用

（1）字号的选择

字号是指字体的大小，以“点（pt）”为度量单位。它的变化能直接呈现出文字信息的视觉层级关系（图2-31）。

图 2-31　字号的大小

（2）字族的运用

字族是指在字形结构的基础上进行微妙变化，形成一组具有系统关联性的字体集合。在对文字进行编排设计的时候，利用字族可以让版面达到统一协调的视觉效果。一般分为Regular（常规）、Italic（斜体）、Light（细体）、Medium（中等）、Bold（粗体）、Bold Italic（粗体斜体）、Black（黑体）等（图2-32）。

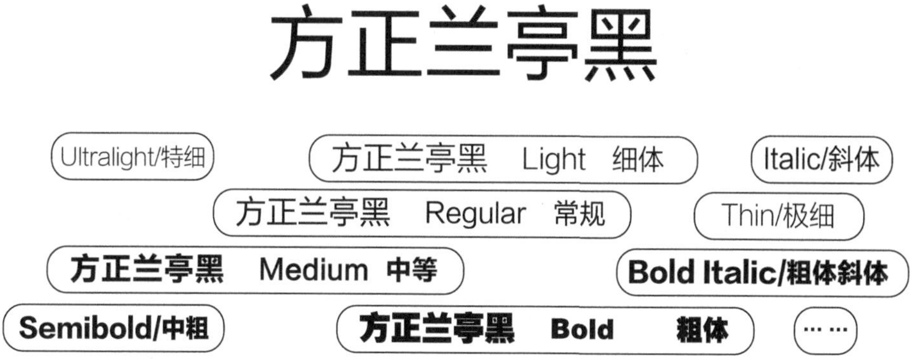

方正兰亭黑

Ultralight/特细
方正兰亭黑　Light　细体
Italic/斜体
方正兰亭黑　Regular　常规
Thin/极细
方正兰亭黑　Medium　中等
Bold Italic/粗体斜体
Semibold/中粗
方正兰亭黑　Bold　粗体
……

图 2-32　字族

特别是在对一篇文章进行编排时，可以将同一家族的不同字体分别应用在主标题、小标题、引言、正文、图注等上，不仅能保证整体视觉风格的协调统一，还可以直观强调文字信息的功能性。

4.字体的情感表达

“书，心画也。”（《扬子法言》）

文字是语言的视觉表达，而字体则是文字的外在形象，同时充斥了丰富的情感。古时候的人们就已懂得用书写的方式来表达内心的真实感受。如今，我们也经常会听到“字如其人”的说法，这也充分印证了文字除了能给观者留下深刻的视觉印象之外，还能流露出一种独特的气质。

字体在现代信息传达中占有重要的地位，有关它的应用研究涉及艺术美学、印刷工艺，甚至上升到心理感知等领域。掌握字体对于设计师来说尤为重要，不仅考验了设计师的审美水平与设计能力，也体现出其对受众群体的体贴与关怀。

好的字体应用有助于提升编排的价值，体现出一定的形式美，并通过视觉化语境传达主题内涵，方便读者的理解与阅读。总之，设计师要学会“以字传情”，选择合适的字体准确地将气韵传递给观者。

（1）传统

在这个产品包装设计中，设计师在字体的选择上采用了宋体。宋体传承了中国书法的审美韵味，同时它也是最早的印刷字体，具有深厚的传统文化底蕴，凸显出端庄与大气（图2-33）。

图 2-33　德富祥礼包装设计 / 喜鹊包装设计实验室

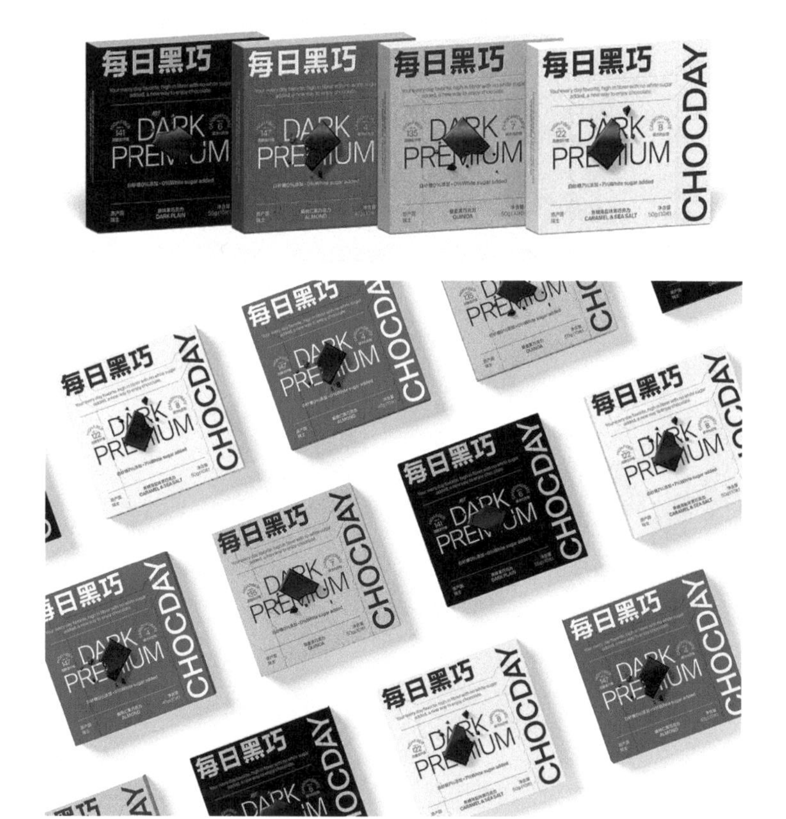

图 2-34　每日黑巧包装设计 /A Black Cover Design

（2）现代

如图2-34所示的产品包装上，设计师选用了无衬线字体，字形端庄、笔画粗壮有力，给人以醒目、现代的视觉印象。

（3）女性

如图2-35所示的这款包装设计选择衬线字体，具有较强的装饰性，笔画结构纤细柔美、简约大气，凸显出女性气质风格。

图 2-35　茗茗——东方美人茶饮包装设计 /Lung-Hao Chiang（姜龙豪）

（4）科技

如图2-36所示，这套运动品牌形象设计采用了非衬线字体，笔画干净硬朗、纤细流畅，给人一种冷静与理性的视觉感受。

图 2-36　米兰运动概念店 WHY-RUN 形象设计 /Auge Design

（5）趣味

如图2-37所示的这个包装设计中的字体为非衬线体，笔画清晰、简洁圆润，让人感受到亲切与有趣。

图 2-37
Ölab 零食包装设计 /
Invade Design

五、图片

“吾谓古人以图书并称，凡有书必有图。”（《书林清话》）

图片在版面中的作用不言而喻。在现代设计中，传达信息最快捷、最有效的视觉元素非图片莫属，它不受地域、种族、语言、文化的限制，以直观的方式将信息快速传播。图2-38对比了文字表达与图片表达的效果。

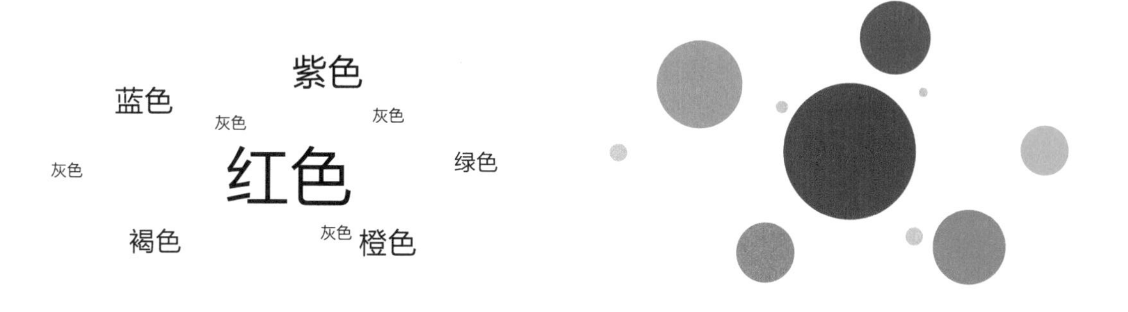

图2-38　文字表达与图片表达效果对比

图片能够通过视觉语言对文本内容进行最直观、形象的呈现与传达，更深层次地对作品的内涵进行解读与挖掘，引起读者的情感共鸣。与文字相比，图片能在第一时间吸引读者的注意力，并且能够形象生动、快速地传达信息，在版面中起到了举足轻重的作用。

如果说美文可以使人陷入沉思，那么优质的图片则会在瞬间碰触人们内心最深处的情感（图2-39）。

如今，设计师越来越懂得图片在编排中的重要性，并加大了图片的应用频率与比重，以吸引更多读者的注意。优质的图片除了能够丰富、装饰版面外，还要与文本信息相互陪衬，以图文并茂的形式进行呈现，使读者一目了然，产生深刻的视觉印象。

文字　　图片

图 2-39　文字信息与图片信息的对比

初学者往往只在乎图片的“外表”，在编排中单纯地调整它们的尺寸或比例，这反而难以达到想要的版面效果。要知道，并不是所有的图片都可以成为版面的视觉中心，这需要设计师对图片具备筛选的能力，做到独具慧眼。一般情况下，图片需要达到以下三个方面才可以满足编排用图最基本的要求。

（1）图的品质

如果图片出现模糊、马赛克、失真、噪点以及水印等品质问题，不建议用于编排，它会在很大程度上影响到整体版面的视觉效果，给读者带来不佳的阅读体验（图2-40）。

图片模糊、不清晰　　图片存在噪点

图片中的信息层次分明

图 2-40　图像品质的差异

（2）构图

图中的信息在结构、空间、色彩、虚实、明暗等因素的作用下，都会给观者带来轻重之感，这是一种视觉与心理层面上的重量，我们称之为视觉重量。设计师需要将图片中的各信息元素合理地配置，达到一种视觉上的平衡、稳定状态，使图片看起来更加和谐、美观。

一般情况下，常常运用三分法、黄金分割法来解决视觉平衡的问题。三分法是一种在摄影、绘画、设计等艺术中常用的构图手段，利用线条把画面横竖各三等分，将线条相交所产生的点作为画面的视觉焦点，放置主体对象，目的是使画面达到视觉上的平衡（图2-41）。

图中的主体对象树位于视觉焦点区域
使画面看起来自然、美观

图中的主体树位于画面的中间
在房子的影响下视觉重量偏向左侧，导致画面平淡、乏味

图2-41　图片的视觉平衡

（3）细节

高品质的图片在构图、色彩、光影、视角、创意等细节方面上，都会比普通图片更胜一筹，把二者放在一起，前者自然会脱颖而出（图2-42）。

图 2-42　图片的视觉张力

六、栏

1. 栏是什么

栏是对版面空间区域的垂直分割。

为了让全局具备统一的视觉特征，将文字、图片、符号等视觉元素注入已设置好的框架结构之中，使每个版面具有视觉连续性与秩序性，符合读者阅览的心理预期。

2.分栏

分栏，也称为栏的划分，是指在版面上设定一定数量且具有比例关系的纵向栏。

通过分栏划分出版面的结构空间，主要是安放视觉信息元素，让它们之间产生“对齐、节奏、均衡”的相互关系。如图2-43所示的分栏一般分为一栏、两栏、三栏或多栏。这些竖列区域可以独立存在也可以彼此依赖，让编排有了更多的空间变化。

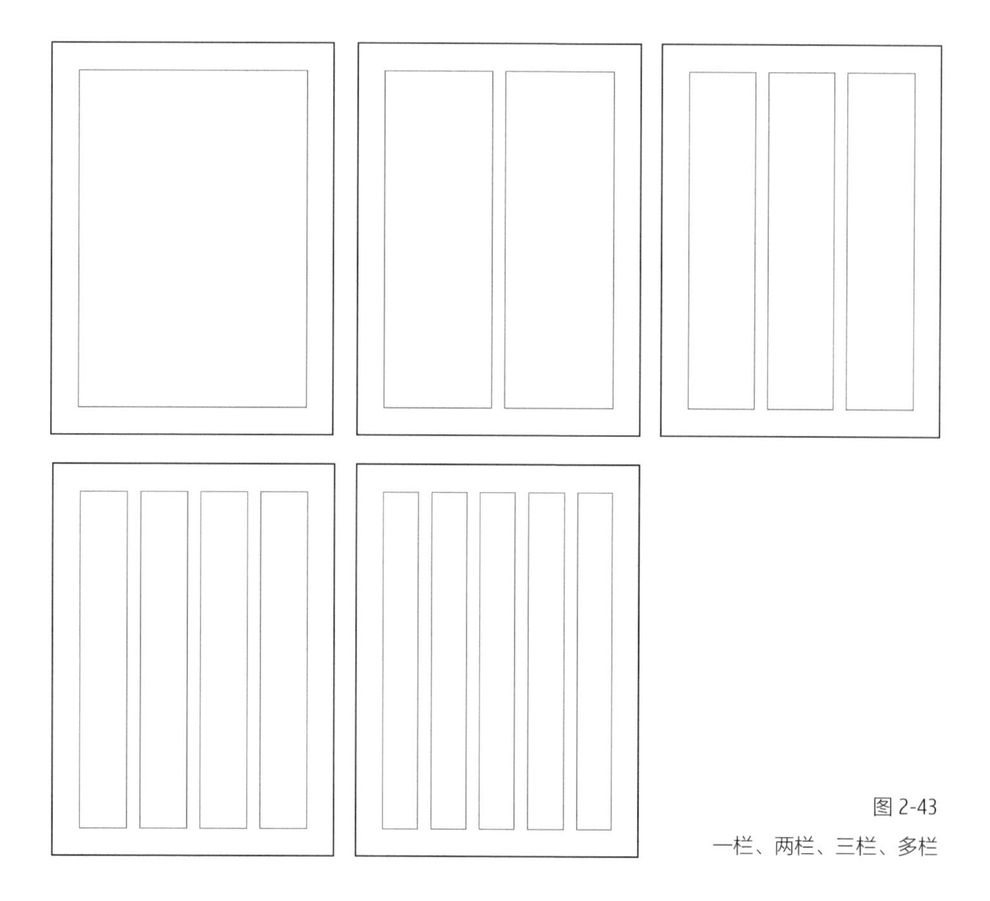

图 2-43
一栏、两栏、三栏、多栏

分栏的具体数值并不是固定的，需要设计师根据主题定位与版面需求而定。不同栏数的应用会产生不同的视觉效果与功能（图2-44）。在编排中，两栏、三栏的应用居多，四栏倾向于简短的标题与内容，比如对工具书、菜单的编排设计。

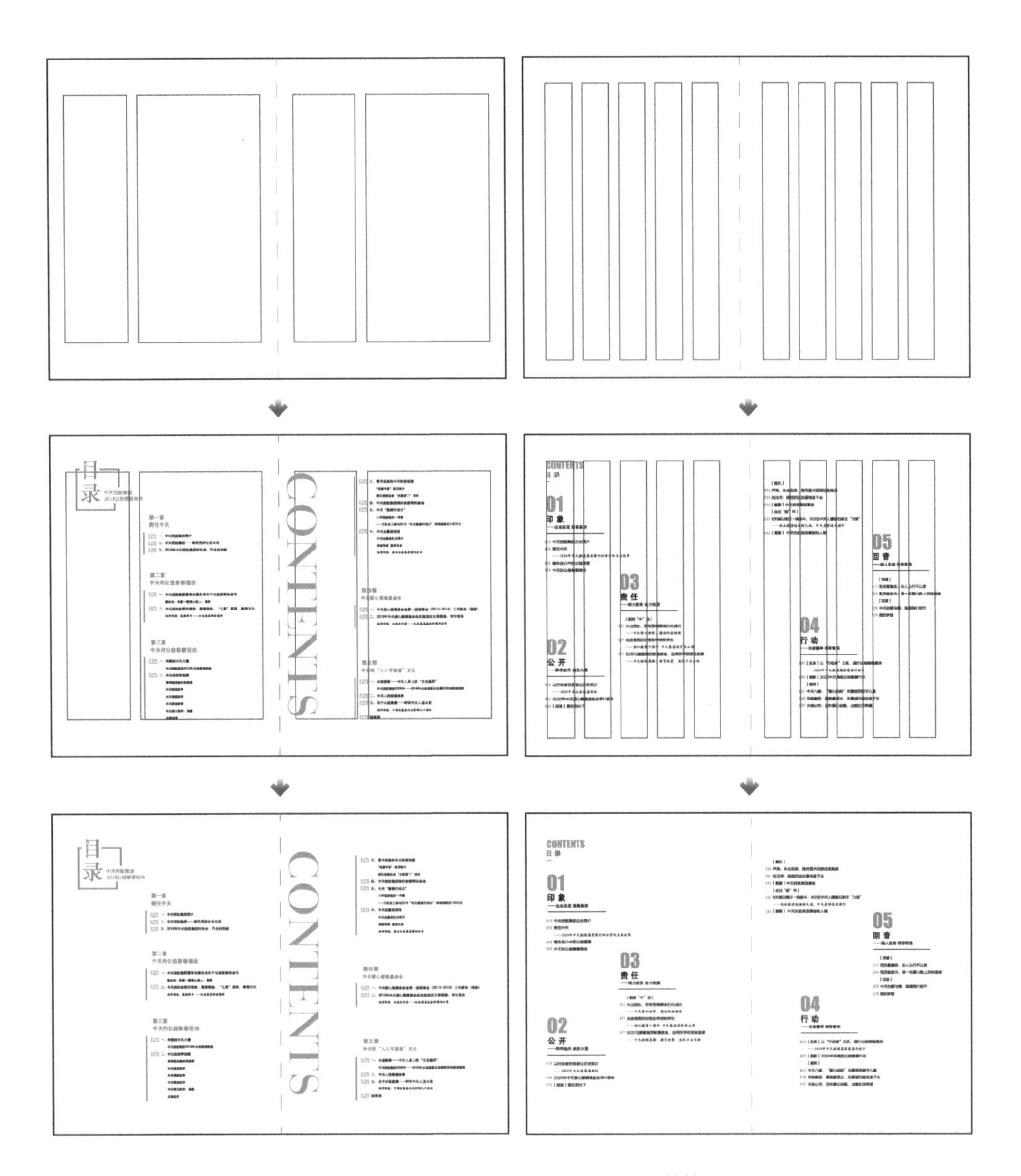

图 2-44　分栏的应用与功能

（1）单栏

单栏，也称为一栏网格，是指版面中只存在一个数列区域，主要适用于纯文字书籍，如文学著作、理论性教材等（图2-45）。

图 2-45　一栏网格的应用

（2）两栏

两栏，可分为均等与不均等网格，栏宽之间会存在一定的比例关系。它们的应用都会给版面带来秩序感。

两栏（均等）网格在结构方面给视觉元素（文字、图片、色块等）提供了更多的排布空间，让版式效果更活跃、生动，一般常用于画册、杂志等页面之中（图2-46）。

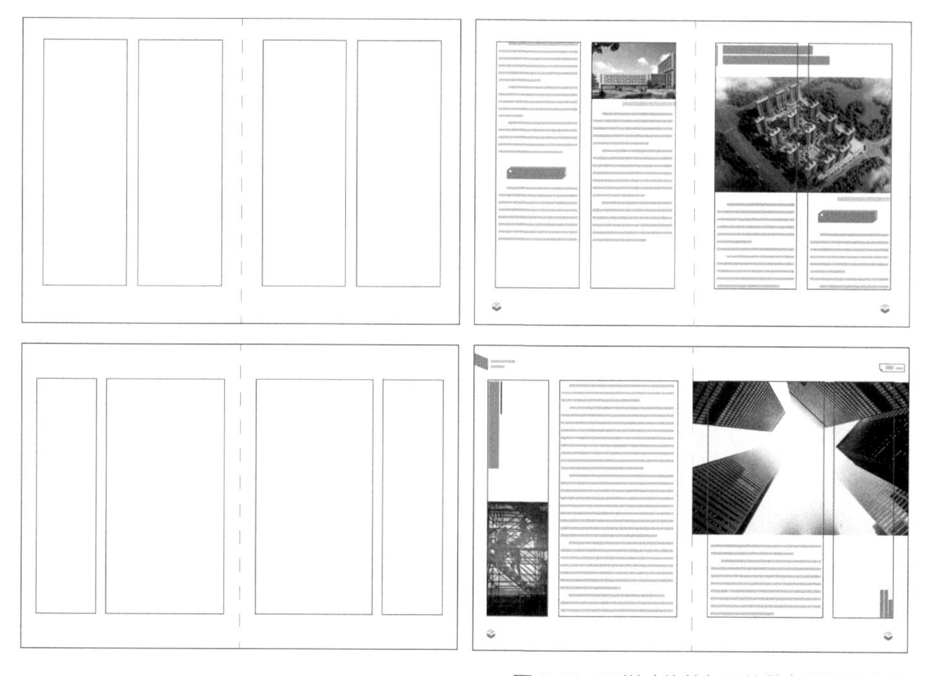

图 2-46　两栏（均等与不均等）网格的应用

（3）多栏

多栏是三栏或三栏以上网格的统称，给视觉元素提供了更自由的空间，让编排布局有了更多的可能性，常用于目录、数据、联系方式等，根据版面实际需求可增加或减少栏数（图2-47）。

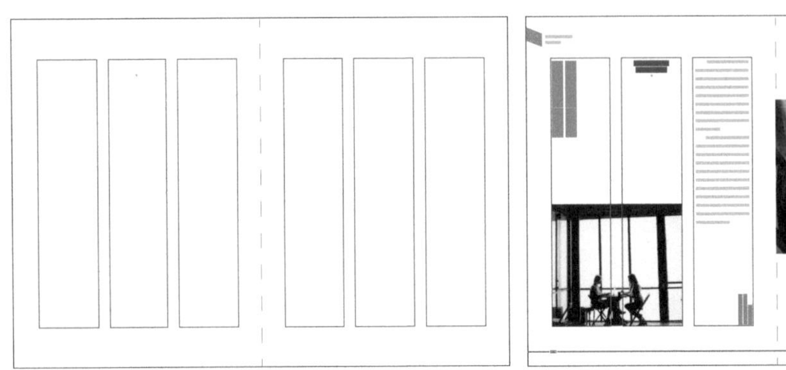
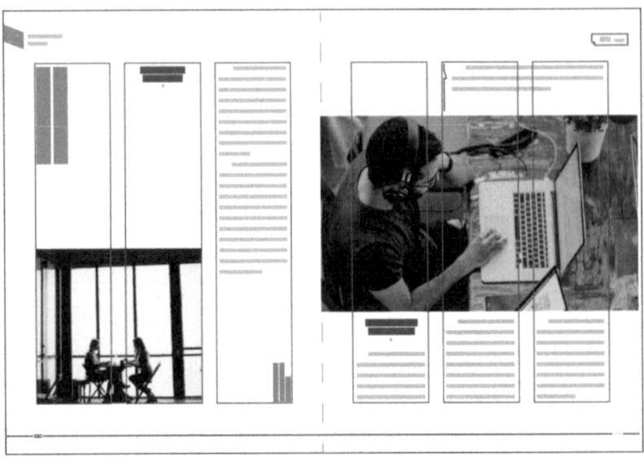

图2-47 多栏网格的应用

（4）复合栏

在同一个版面中存在不同形式分栏的组合，称为复合栏。它可以让平面元素更加自由地布局、游走，追求内部结构的多样性，给版面带来千变万化的视觉效果（图2-48）。

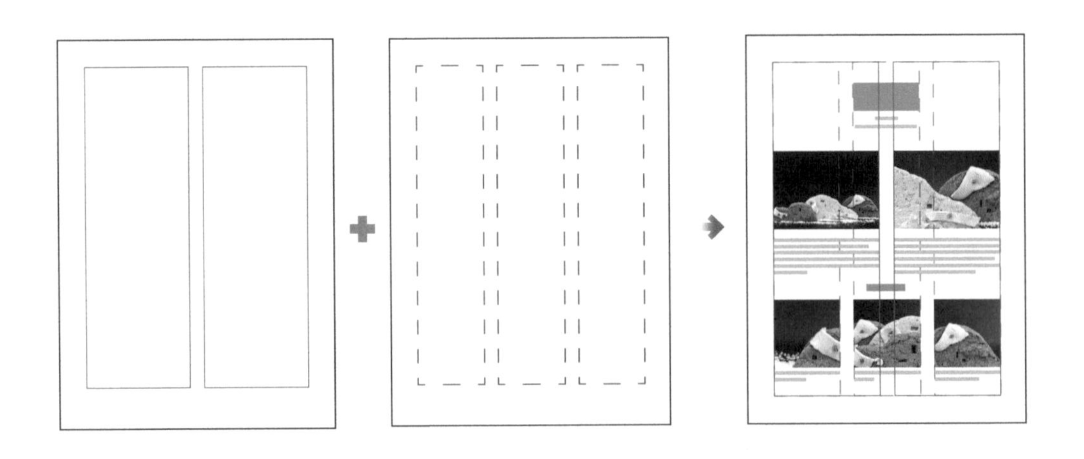

图2-48 复合栏的应用

当然，版式设计中还会出现其他各种各样的“栏”，它们一般是通过缜密的数学计算分割而成的，可以给设计师提供更多的创作空间，根据不同层面的编排需求，创意、个性地来展现独特的视觉魅力（图2-49）。

图2-49　不同栏的应用

3.分栏的作用

合理利用分栏，可以很好地规划版面的空间布局，有助于提升编排工作效率。

如图2-50所示，对同一篇文章进行编排，进过分栏处理后，编排后的视觉效果有了显著变化，同时也会发现就连阅读的体验也有了很大转变。

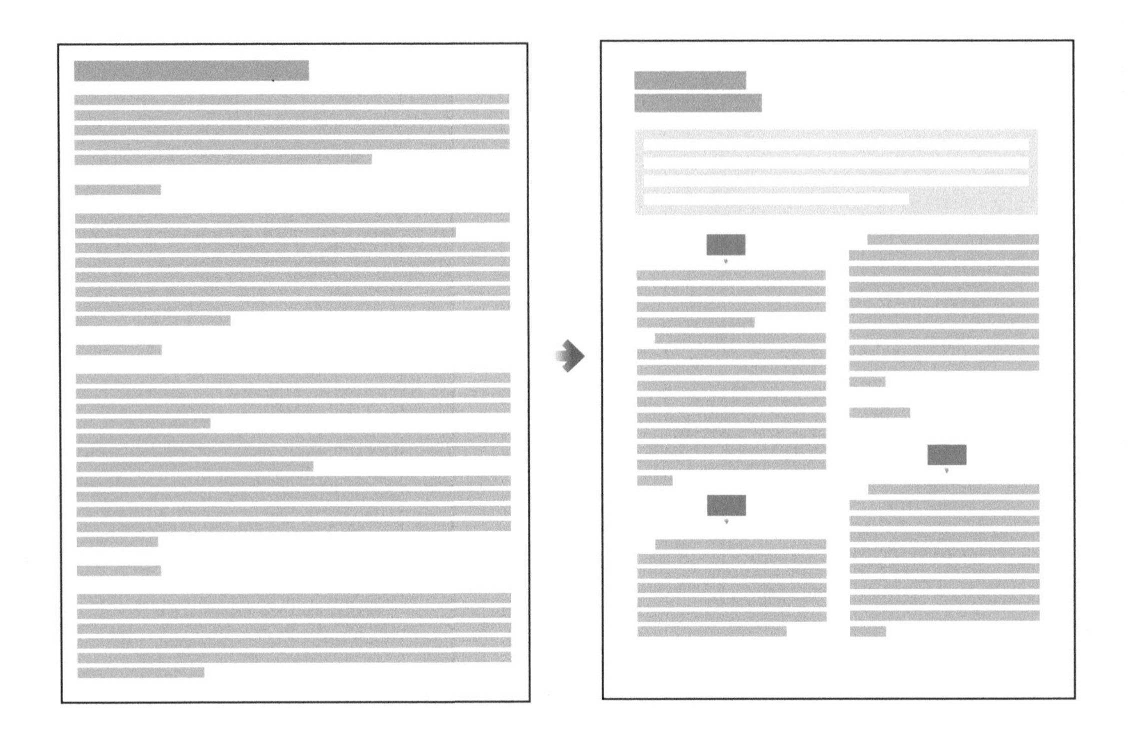

图 2-50 分栏的作用

当密密麻麻的文字出现在读者眼前的时候，读者会产生一种视觉“压力”，很容易失去对阅读的耐心。分栏之后的文字内容得到了“整理”，中间的空白间隔（栏间距）也提供给读者充足的喘息时间，不会给读者带来过多的心理负担。

4. 栏宽

栏宽是指栏的宽度。它与文本信息中的字体、字号、行长以及行距都有着密切联系（图2-51）。正因为它们之间存在着关联，分栏才有了更多变化的可能，从而使版面展现出不同的视觉效果与传达功能。在相等宽度的栏中，字号相对小的比较适合正文，相反，字号相对大的适合作为标题，以便让读者直观地感受到它们的重要程度。

栏宽 80mm，华文宋体，行距21pt

栏宽是指栏的宽度。

它与文本信息中的字体、字号、行长以及行距都有着密切联系。正因为有了这些关联的存在，使分栏有了更多变化的可能性，从而使版面展现出不同的视觉效果与传达功能。在相等宽度的栏中，字号相对小的比较适合正文，相反，字号相对大的适合作为标题，以便读者地感受到它们的重要程度。

标题字号21pt

正文字号10 pt

栏宽140mm，华文宋体10pt ， 行距18pt

栏宽是指栏的宽度。它与文本信息中的字体、字号、行长以及行距都有着密切联系。正因为有了这些关联的存在，使分栏有了更多变化的可能性，从而使版面展现出不同的视觉效果与传达功能。在相等宽度的栏中，字号相对小的比较适合正文，相反，字号相对大的适合作为标题，以便读者直观地感受到它们的重要程度。

栏宽70mm，华文宋体16pt，行距23pt

栏宽是指栏的宽度。它与文本信息中的字体、字号、行长以及行距都有着密切联系。正因为有了这些关联的存在，使分栏有了更多变化的可能性，从而使版面展现出不同的视觉效果与传达功能。在相等宽度的栏中，字号相对小的比较适合正文，相反，字号相对大的适合作为标题，以便读者直观地感受到它们的重要程度。

栏宽46mm，华文宋体8pt，行距18pt

栏宽是指栏的宽度。它与文本信息中的字体、字号、行长以及行距都有着密切联系。正因为有了这些关联的存在，使分栏有了更多变化的可能性，从而使版面展现出不同的视觉效果与传达功能。在相等宽度的栏中，字号相对小的比较适合正文，相反，字号相对大的适合作为标题，以便读者能感受它们的重要程度。

图 2-51　栏宽与字体、字号、行长、行距的关系

Chapter three

第三章　相知

用编排构建视觉逻辑

3.

一、编排与阅读

版式设计从来都离不开这两样东西——编排与阅读。倘若失去它们，版式将变得毫无意义。利用编排之美能创造阅读美感，阅读美感的产生能够体现出编排的真正价值。美学家朱光潜先生曾说过："美是客观方面某些事物、性质和形状适合主观方面意识形态，可以交融在一起而成为一个完整形象的那种特质。"这也恰好证明了编排与阅读之间的微妙关系，有了编排之美才会给读者带来阅读美感，两者相辅相成、相得益彰。

当编排与阅读达到整体的和谐统一时，能够在读者与作者之间建立起精神上的链接，让读者的心灵得到升华，从而实现阅读的真正意义。

1.作者、读者与设计师

设计师利用编排艺术将作者成为视觉讲述人，让读者在阅读中去聆听。讲述得是否清晰，聆听得是否有效，关键在于设计师。

设计师需要与作者提前做好沟通交流，真正成为他们的第一位读者。通过对文本信息的梳理与整合，利用设计语言使其达到最佳的视觉传达效果，从而构建出完整有序的视觉阅读体系。同时，设计师还要深谙读者的心，使编排与阅读需求达到一种平衡，进而实现阅读的舒适、和谐。总之，设计师是作者和读者之间的纽带与桥梁（图3-1）。

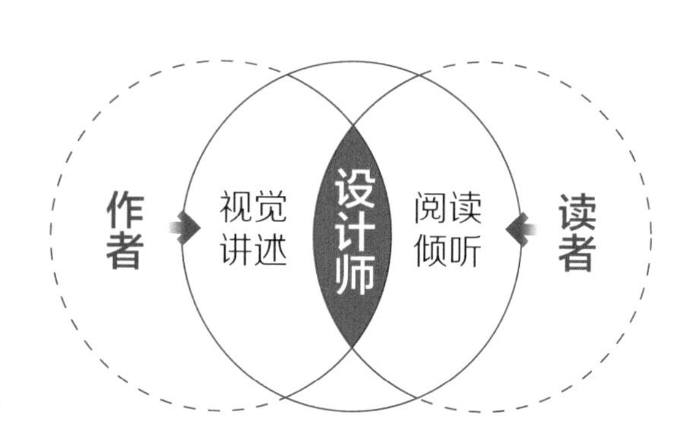

图 3-1
设计师与作者、读者的关系

2.版面即“舞台”

版面既是编排设计的对象，又是承载着大量视觉信息的重要平台。

编排版面如同舞台剧一样，需要把所有的视觉元素划分为不同的角色，并把它们安排在合适的位置各司其职，依照所编写的“剧本”走下去。如果想要顺利地演绎下去，那就需要确定主题风格，通过一条清晰的主脉络来推动剧情在时间与空间上的发展，利用艺术表现手法让故事的情节更加跌宕起伏，扣人心弦。

一个优秀的版式设计作品能够利用设计语言构建出清晰明了的版面逻辑关系，创造绝佳的视觉语境，明确传达文本主题内涵，使读者在获取信息的同时亦能感受到编排所带来的轻松、愉悦。

在对版面编排的时候，设计师需要具备统筹全局的能力，合理配置资源，注重信息传递在时间与空间上的线性逻辑关系，构筑出一个版面“生态圈”，即将版面系统化（将设计元素贯穿于整个版面之中，保证整体风格统一、协调），人性化（提供个性化的阅读服务，符合读者的阅读习惯与心理需求），可视化（实现关键内容可视化，将信息准确、快速传达），创新化（实现个性、创意表现，激发观者阅读兴趣），追求“美”与“用”的艺术价值（图3-2）。

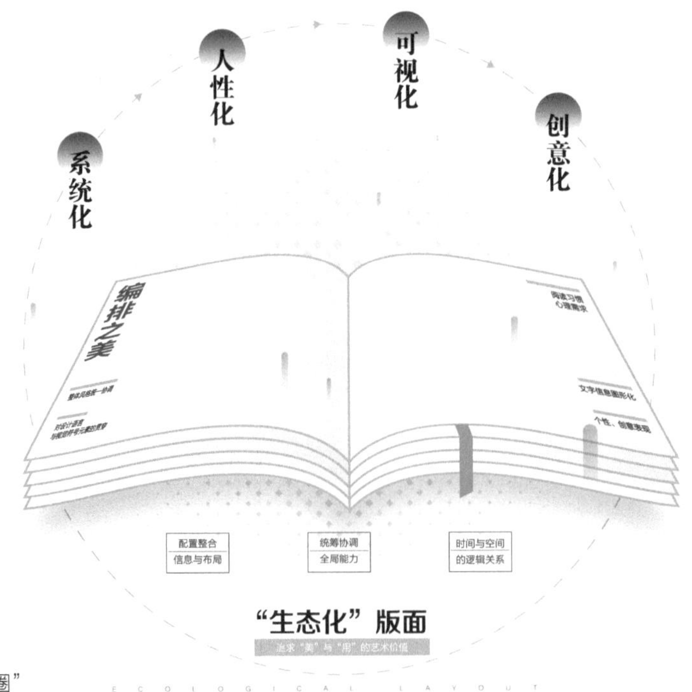

图 3-2
版面的“生态圈”

3.版面的时空演绎

阅览一本书，页面上的文字、图片等信息随着翻页在不停地交替变化，而我们的眼睛与大脑则不受其影响，始终会持续不断地浏览、思考……这就不难看出，版面之间存在着一定的联系，具体地说就是时间与空间的逻辑关系，并构建出了完整、统一的阅读体系（图3-3）。

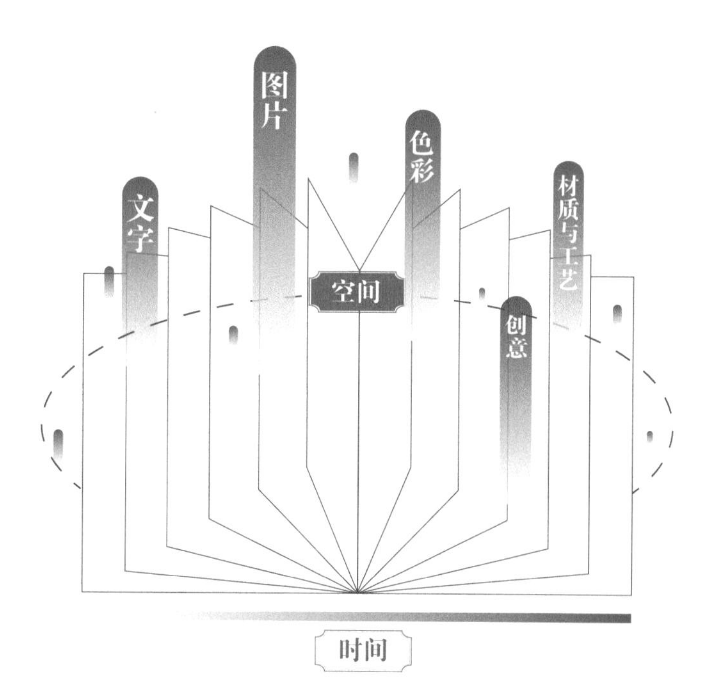

图 3-3
版面中的时空演绎

设计师在编排中，对每一张版面都不能静态或孤立地对待，而是要明确信息之间的逻辑关系并贯穿全局，让页面之间保持相互联系，让阅读更加自然、顺畅。

优秀的版式设计作品往往体现出阅读美感与一定的逻辑关系，能对全局进行统一规范并建立视觉上的连续性，使每一张页面在视觉上都紧密联系在一起，呈现出一定的秩序感（图3-4）。

图 3-4 版面之间的秩序感

4. 单页与对页

单页设计，在单个版面（1P）的基础上进行设计。优点：具有一定的视觉张力与独立的视觉效果。缺点：版面空间有限，编排存在一定的局限性，极易形成呆板平淡、毫无趣味的版面效果。

对页设计，将两个页面（2P）或两个以上的相邻页面视为整个版面进行设计。优点：版面空间相对较大，有着灵活的版面结构，给设计师的编排布局提供更多的发挥空间。缺点：设计不当极易造成版面的空旷（图3-5）。

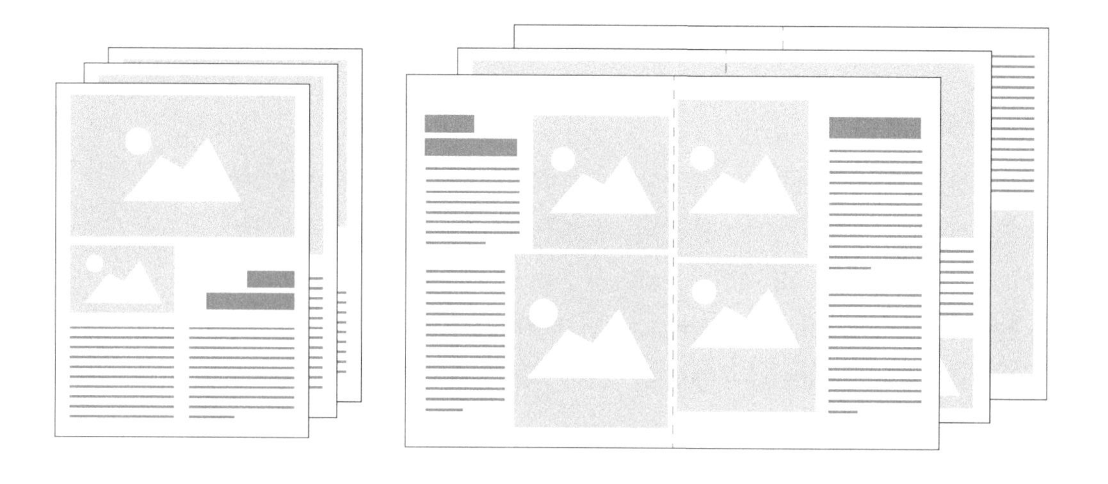
图 3-5　单页设计与对页设计

无论是单页还是对页设计，设计师都需要根据实际设计主题与版面需求来合理选择。在对多页面进行编排的时候，一般都会将画布的大小设置为对页尺寸，目的是提高设计工作效率。比如设计一本尺寸为210mm×285mm的画册，在电脑中设置的画布应该是展开后的尺寸，即420mm×285mm（图3-6）。

图 3-6　单页与对页

二、视觉流程

1.什么是视觉流程

视觉流程是指视线随着信息元素在版面空间的位置变化所形成的移动轨迹。当我们在阅读时，受到一定的心理作用，眼睛总是会最先看到A，再看到B，以此类推，大脑会呈现出一定的顺序，例如从上到下、从左往右、从左上到右下、从大到小、从实到虚、从有色到无色、从主体到背景。

视觉流程其实是一条看不见的视觉“引线”（图3-7），隐匿在整个版面之中，在设计时常被忽视。在编排中，设计师要遵循正常的视觉流动规律，在版面上经营布局文字、图形（图片）、色彩、符号等视觉元素，创造出一条合理的视觉浏览“主线”，使信息之间看上去有条不紊、合理自然，让读者享受阅读的同时能够轻松地获取信息。

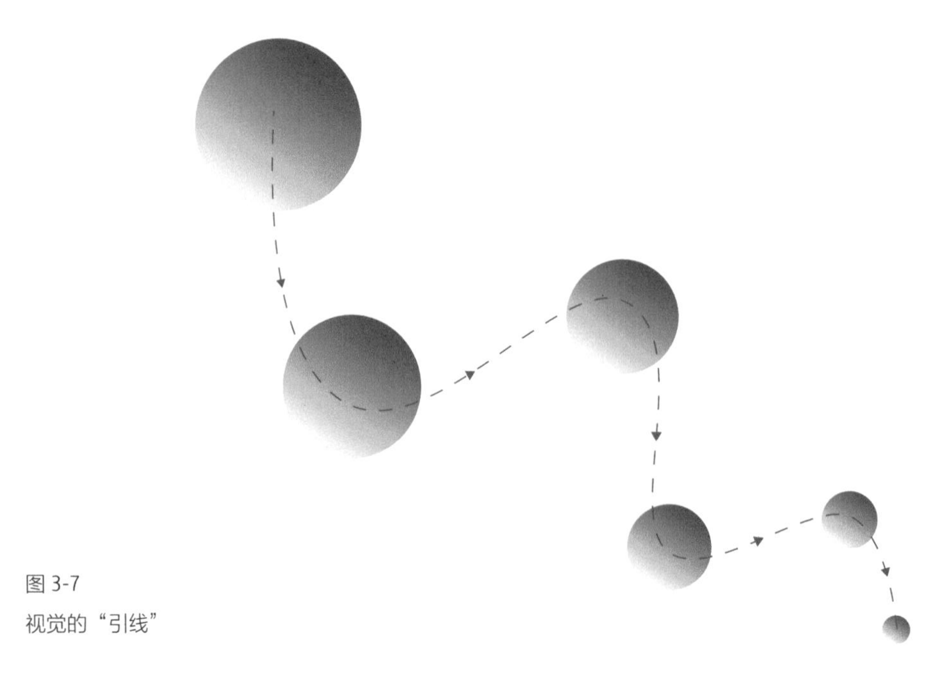

图3-7
视觉的“引线”

在编排中，加强视觉“主线”的应用，是维持各视觉元素之间的逻辑关系的关键，可以有效指引地读者浏览版面空间的先后顺序，起到清晰明确的导读作用。设计就如同是在利用编排的视觉语言诉说一个故事，读者会被情节吸引，其情绪随情节的变化而起伏。

2.视觉流程的类型

常见的视觉流程有方向（竖、横、斜、曲线等）式、焦点式、发散式以及重复式。

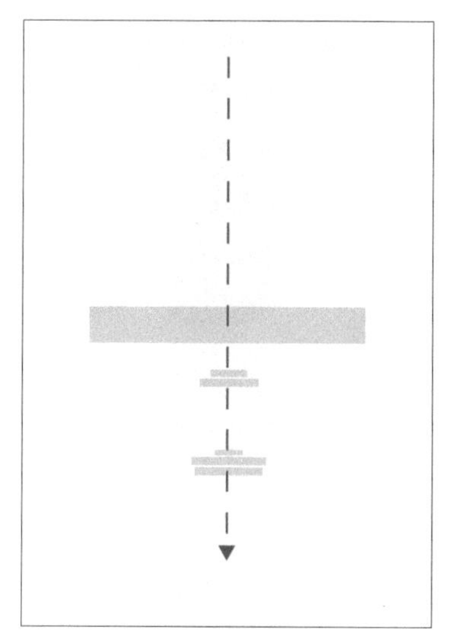

（1）竖式视觉流程

上下垂直方向的视觉浏览顺序，有较强的纵深感，给人以直观、透彻的视觉感受（图3-8）。

图 3-8
招贴设计 /Panos Tsironis

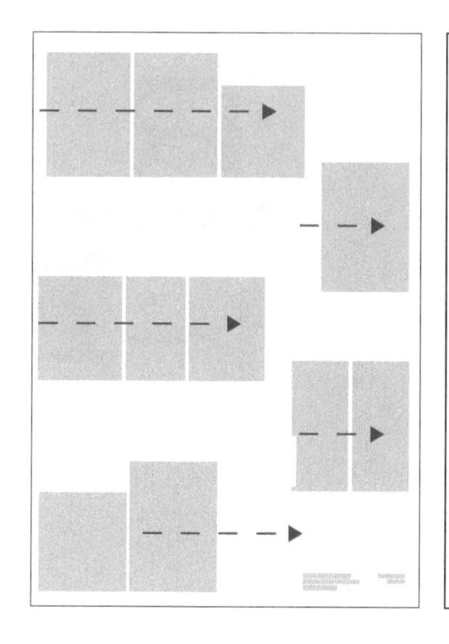

（2）横式视觉流程

左右横向的视觉浏览顺序，让阅读轻松、自然（图3-9）。

图 3-9
招贴设计 /Stefan Hürlemann

（3）斜式视觉流程

对角线方向的视觉浏览顺序，体现出个性、动感，具有一定的视觉冲击力（图3-10）。

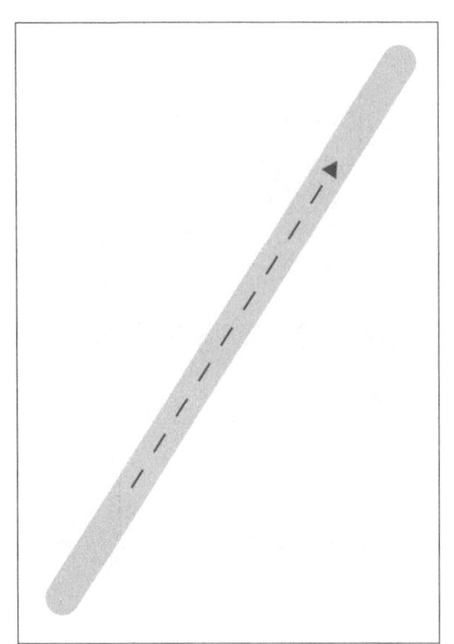

图 3-10
招贴设计 /Feixen

（4）曲线式视觉流程

“S”型曲线的视觉浏览顺序，让阅读充满节奏感，进一步增强了视觉元素之间的关联（图3-11）。

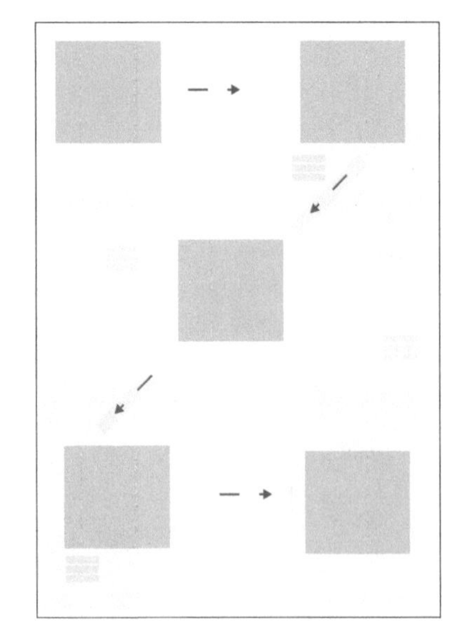

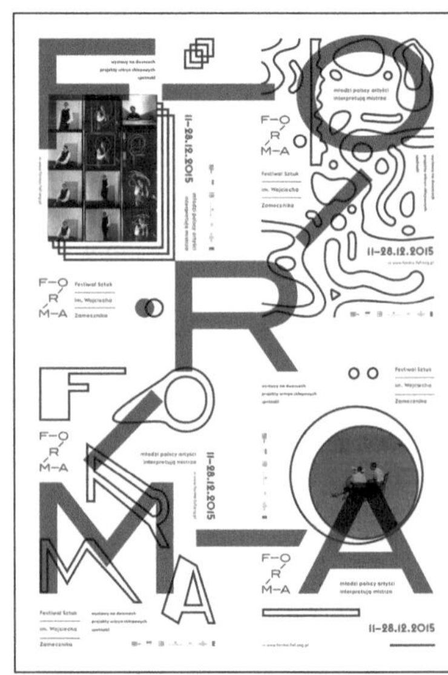

图 3-11
招贴设计 /Syfon Studio

（5）焦点式视觉流程

根据视觉要素的重要程度来调整其大小、面积、色彩、虚实等，营造版面中的焦点，在视觉上产生突出强调与导向的作用，提升视觉冲击力与趣味性（图3-12）。

图3-12
招贴设计 /Emilie Wang

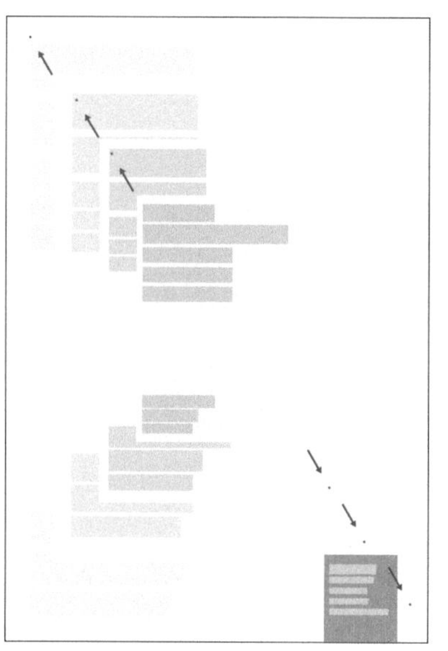

（6）发散式视觉流程

以某一点为中心呈放射状编排，目的是为了增强空间感与韵律，加强信息元素的联系（图3-13）。

图3-13
招贴设计 /Mansoor

（7）重复式视觉流程

视觉元素为相同或相似的图形并重复出现，存在一定的规律与秩序，提升了空间感与视觉层次感，为版面带来了韵律之美（图3-14）。

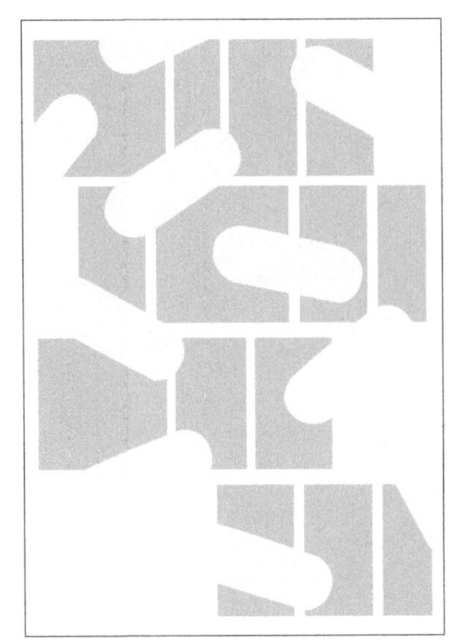

图 3-14
招贴设计 /Berkay Taş

三、视觉规范

“兵马未动，粮草先行。”（《南皮县志·风土志下·歌谣》）

粮草是一个军队能否取胜的基本后勤保障，古人很早就明白这个道理。在现代设计中，视觉规范就是“粮草”，对编排而言至关重要。

在版式设计中，视觉规范是一套系统化的视觉识别标准，规定了所有平面元素在版面中的应用原则，确定了字体、图片、色彩、风格、样式等的具体规范，保障了全局视觉风格的和谐统一。

制定系统化的视觉规范，能够避免主题风格出现混乱的局面，加强团队的分工协作。特别是对一本书的设计，有时需要多名设计师共同参与完成，每一位设计师都有不同的设计构思，如果没有视觉规范的“制约”，必然会产生风格迥异的版面视觉效果。相反，在视觉规范的作用下，团队就能够快速形成“心朝一处想，力往一处使”的凝聚力，在设计主题、风格统一的基础上发挥创造性，大大提升工作效率（图3-15）。

设计师A 设计师B 设计师C

视觉规范

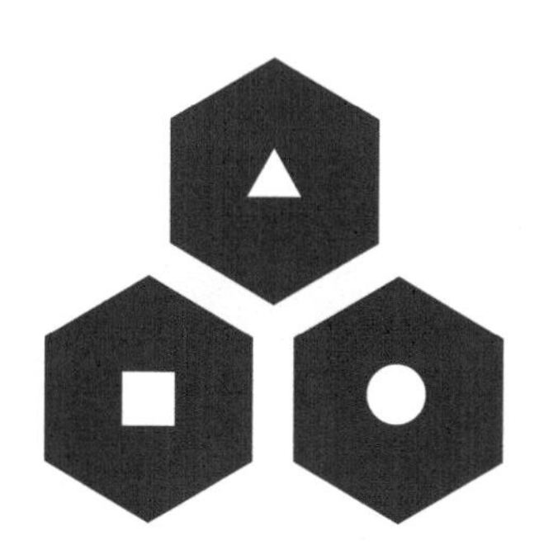

图 3-15
视觉规范的统一

视觉规范并不是标准的、固定的，而是根据项目的实际情况，对主题定位、形象风格、色彩倾向、文本内容与情感表达等各方面的研究与分析，并结合设计师的艺术审美与设计经验进行全方位考虑最终制定的。

视觉规范贯穿着全局的始终，规定了字体、图片、色彩、符号、风格、布局等方方面面，其中主要包含了布局规范、文本规范、图片规范、色彩规范。它们的组合应用能使版面的视觉效果达到高度的统一，增强视觉层次感与逻辑关系，方便读者阅读、理解，加深其印象。

1. 布局规范

布局与阅读之间存在着紧密联系。一般应根据阅读方式或浏览习惯的差异，对视觉元素的布局制定相应的方案，以体现出编排设计的合理性与人性化。

（1）最佳视域是什么

最佳视域是指在一个版面中，眼睛最优先看到的视觉区域范围（图3-16）。

摊开一本画册，在浏览习惯与阅读心理的影响下，最佳视域一般处在页面的中上方区域，能够给读者带来一种积极向上、轻松舒适的感受。

图3-16 最佳视域

（2）视觉热区与盲区

手持书本，在快速翻页浏览的过程中，页面的左右外侧区域总是最先显露，这个区域就是我们常说的视觉热区。设计师应优先考虑将重要、醒目的信息内容布局在视觉热区范围内，这样能在短时间内达到吸引读者注意，使读者准确、快速地获取信息的目的，从而激发其阅读兴趣。

版面中既然有视觉热区的存在，当然也少不了视觉盲区，它们一般主要集中在靠近页面中缝和底部的区域，主要放置页码与辅助类的信息（图3-17）。

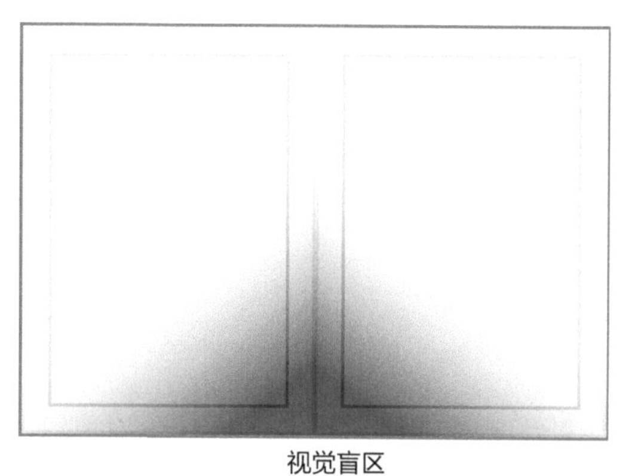

图 3-17　视觉热区与盲区

（3）视觉习惯

在20世纪50年代，西方活字印刷术的发明人约翰·古腾堡根据有关阅读习惯的研究提出了古腾堡法则。它的核心在于视觉的逻辑性，既要符合读者的视觉浏览顺序，也要顺应逻辑思维的基本规律。简单地说，人们的视觉总是习惯从左往右、从上而下地移动。

正如图3-18古腾堡图表所示，人的视线总会从版面的左上角（视觉第一落点区）移动到右下角（视觉最终落点区）区域，而对于右上角和左下角（视觉盲点区）则会一扫而过。

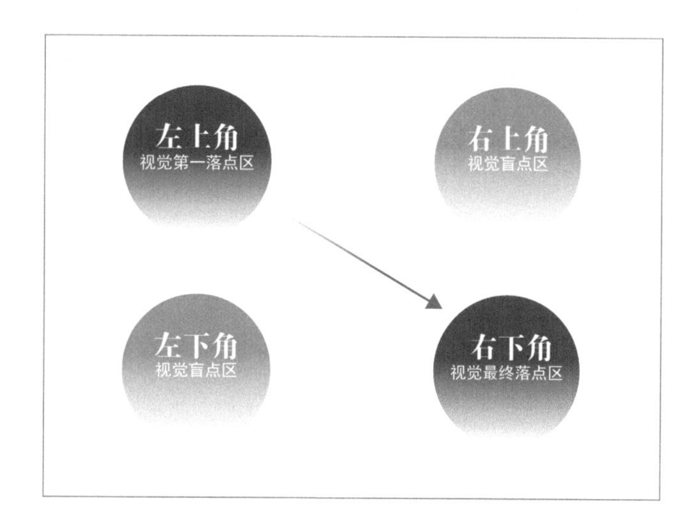

图 3-18
古腾堡图表

在编排中，设计师首先要熟知读者的视觉习惯，依照古腾堡法则布局、规划版面中的视觉元素，编排出合理的视觉浏览顺序，让阅读流畅、自然（图3-19）。相反，违背视觉浏览顺序与心理预期，会给读者带来不佳的阅读体验。

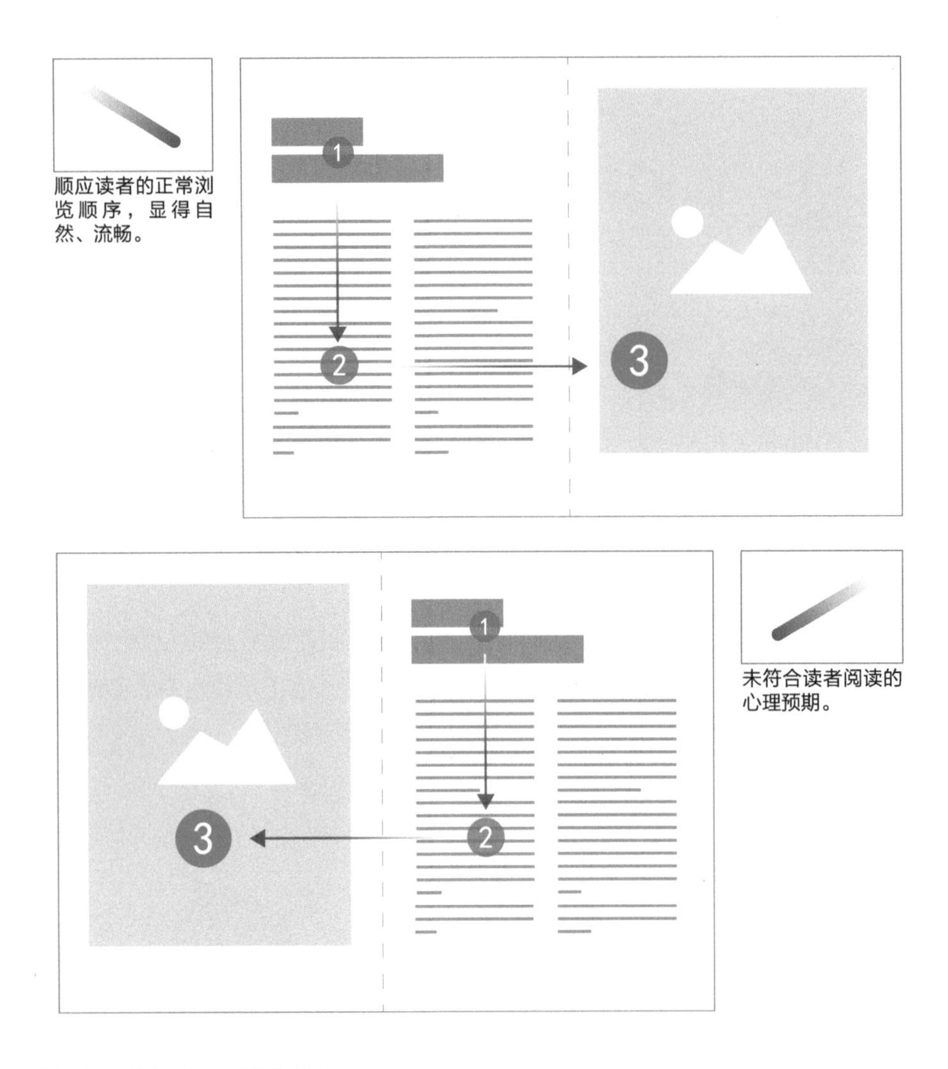

图3-19 编排中的视觉浏览顺序

同时，我们还注意到另外一种阅读习惯，那就是在阅读时，通常会先看到页面的右侧（右页），继而视线再向左快速移动……设计师亦可利用这一阅读特点，有意识地将重要的视觉信息（醒目的文字、优质的图片、绚丽的色彩、精致的图

图3-20 版面的右侧布局

标等）布局在页面的右侧，因为读者习惯于在页面的右侧找寻有价值的信息，这样能够快速理解与把握内容主旨（图3-20）。

正如图3-21所示，在画册页面中，重要的视觉信息大多被安排在右页，这符合读者阅览的心理预期，形成了一种肌肉记忆式浏览方式，加强了阅读与理解。

（4）视觉闪光点

生活在信息化爆炸的时代里，人们会依照自己的意愿有选择性地去阅读。

初次面对一本读物的时候，大多数人在页面上会处于快速游走、徘徊、跳跃等浏览状态。这看似漫不经心，其实是为了寻求有价值的信息线索，试图快速了解、把握主题方向与内容，接下去再判断是粗读还是细品。为了满足读者的心理需求，设计师可将重要的信息作为视觉“闪光点”，让它们变得更加醒目、耀眼，目的是吸引读者，打动读者，留住读者（图3-22）。

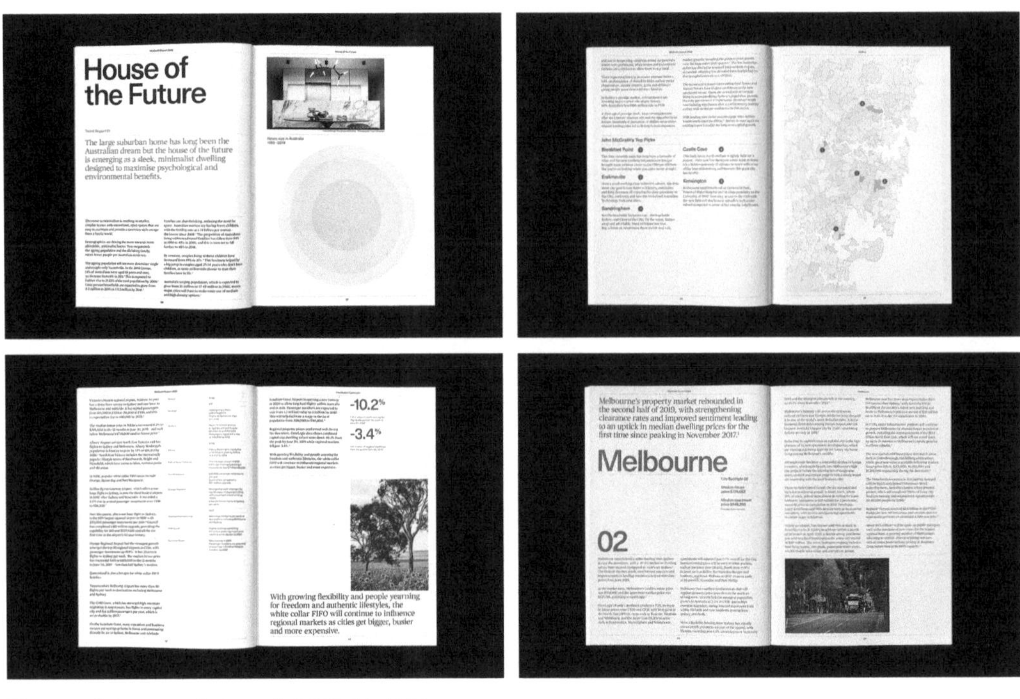

图 3-21 《The McGrath Report》画册设计 /M35

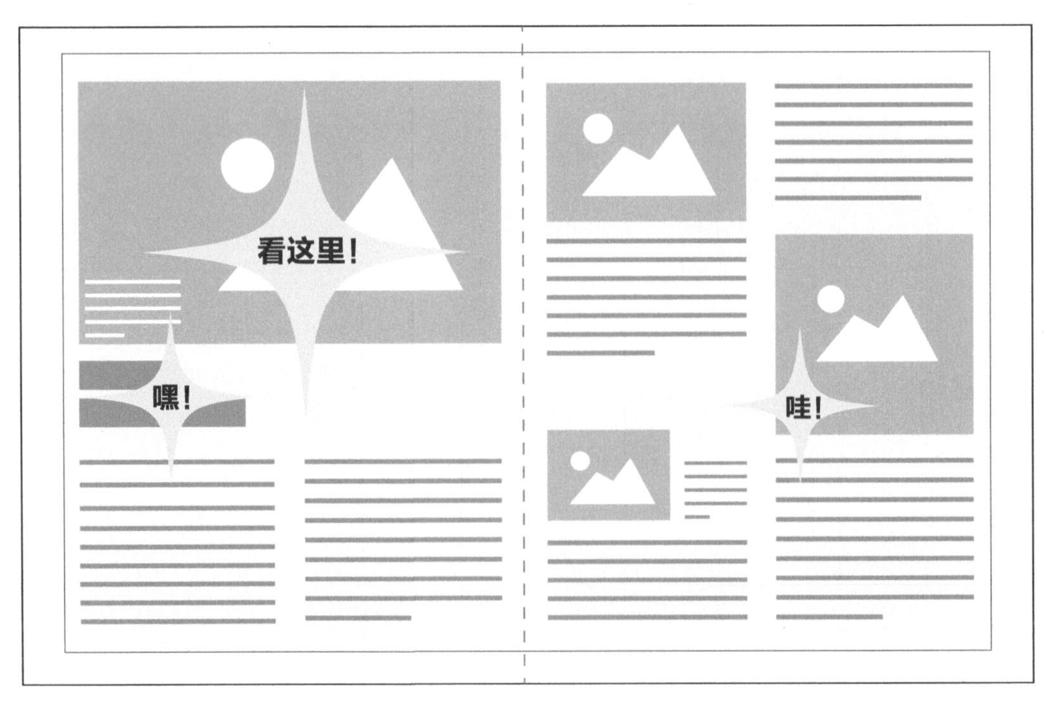

图 3-22 版面中的视觉“闪光点”

（5）视觉对齐

对齐是规范布局最基本的原则。它可以使视觉元素之间秩序井然，并产生视觉上的关联，让版面整洁、干净，让读者形成视觉记忆，以便加深印象与理解。

视觉对齐是将视觉元素以方位为基准进行对齐，例如顶对齐、底对齐、居中对齐、左对齐、右对齐、两端对齐等。它是最基本的编排组合方法（图3-23）。

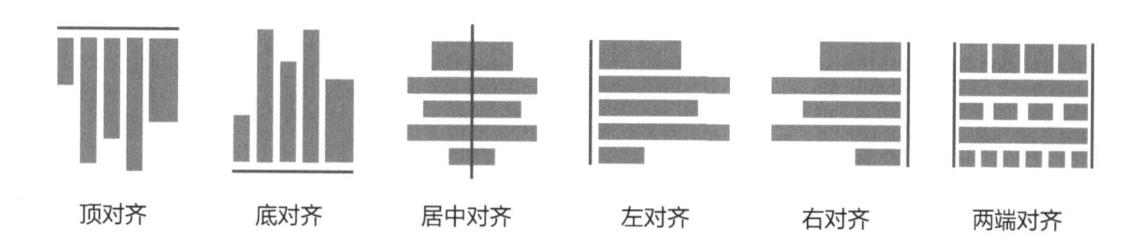

图3-23　视觉对齐

A.顶对齐

一般会出现在纵向排版之中，与中国古文的书写方式相一致，多应用在中国传统风格设计中，带有古风古韵的视觉效果（图3-24）。

何为顶对齐

一般会出现在纵向排版之中，与中国古文的书写方式相一致，常常应用在中国传统风格设计中，带有古风古韵的视觉装饰效果。

图3-24　果味乌龙茶包装设计 /BXL

B.底对齐

纵向排列中以底端水平对齐，很容易使上方出现参差不齐的负空间，相比其他对齐方式，不太适合阅读，最好与负空间进行有机结合，以达到最佳的视觉效果（图3-25）。

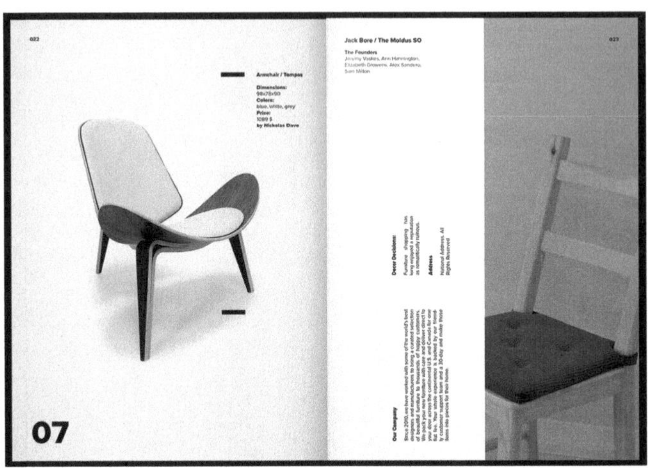

图3-25 The Moldus 家具产品宣传册设计 /Viktoria Batt

C.居中对齐

画面以中线为基准，左右距离对等，给人一种严肃、庄重的感受（图3-26）。

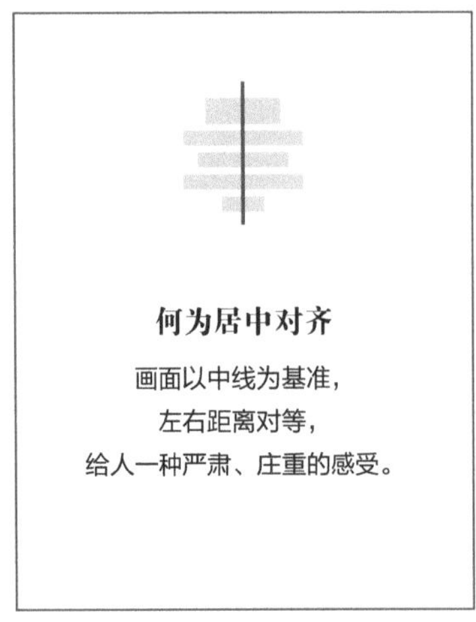

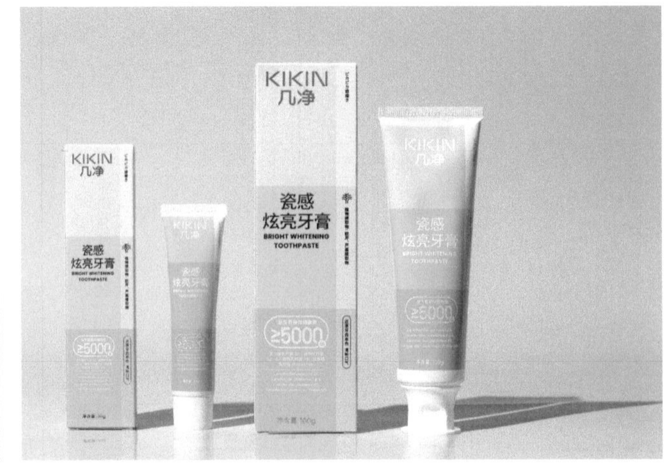

图3-26 KIKIN 几净牙膏包装设计 /cheeer STUDIO

D.左对齐

以左侧为基准对齐，是一种最常见的对齐方式，阅读起来使人感到自然、顺畅（图3-27）。

何为左对齐

以左侧为基准对齐，
是一种最常见的对齐方式，
阅读起来使人感到自然、顺畅。

图3-27　新南威尔士州美术馆（Art Gallery of NSW）品牌形象设计 /Mucho

何为右对齐

以右侧为基准对齐
与正常的视觉浏览顺序相违背
会对阅读造成一定的影响
主要彰显个性

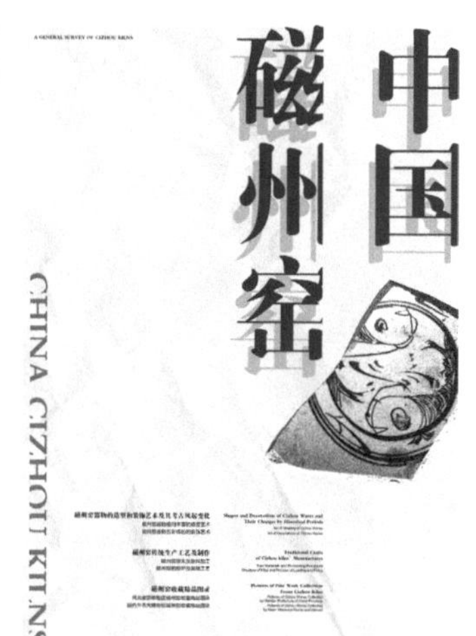

E.右对齐

以右侧为基准对齐，与正常的视觉浏览顺序相违背，会对阅读造成一定的影响，主要彰显个性（图3-28）。

图3-28　招贴设计 / 王武

F. 两端对齐

以左、右两侧为基准将标题元素进行强制对齐，体现了一种理性与严谨（图3-29）。

图3-29　Meet Mosalskiy 牛肉包装设计 /Azbuka Design

（6）视觉记忆

特定的视觉元素被安排在固定区域或重复使用，比如报纸杂志LOGO、期刊的刊头、页眉页脚等（图3-30）。虽看起来比较保守、单调，但是在无形中已经树立了一种独特的风格形象，给读者留下了深刻印象。

图3-30
时尚芭莎（*BAZAAR*）杂志

2.文本规范

文本涉及版面中所有的文字信息，即主标题、小标题、引言、正文、注释、页眉、页脚等。它们之间存在重要性差异，倘若没有做到合理的规范，版面会看起来平淡无味，缺乏设计美感。具体来说，就是各信息之间的重要程度毫无视觉轻重之分，缺乏视觉引导，难以让读者瞬间抓住重要信息，无法调动阅读的积极性，大大降低了信息传达的效率。

设计师应通过编排，利用字体、字号、色彩或添加图形等方式，来拉开文本各信息之间的层级关系，让观者在视觉上可以很容易地区分哪些内容是重点信息，哪些是次要、辅助信息。即便在无图编排的情况下，层次分明的文字信息依然可以做到很好的视觉引导与暗示，使版面架构完整、逻辑严谨，具有较强的可读性与说服力（图3-31）。

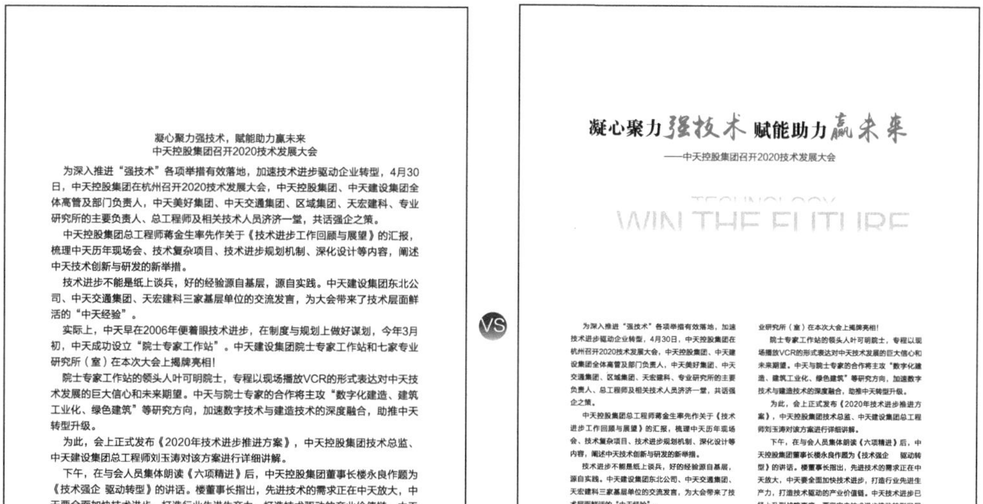

凝心聚力强技术，赋能助力赢未来
中天控股集团召开2020技术发展大会

为深入推进“强技术”各项举措有效落地，加速技术进步驱动企业转型，4月30日，中天控股集团在杭州召开2020技术发展大会，中天控股集团、中天建设集团全体高管及部门负责人，中天美好集团、中天交通集团、区域集团、天宏建科、专业研究所的主要负责人、总工程师及相关技术人员济济一堂，共话强企之策。

中天控股集团总工程师蒋金生率先作关于《技术进步工作回顾与展望》的汇报，梳理中天历年现场会、技术复杂项目、技术进步规划机制、深化设计等内容，阐述中天技术创新与研发的新举措。

技术进步不能是纸上谈兵，好的经验源自基层，源自实践。中天建设集团东北公司、中天交通集团、天宏建科三家基层单位的交流发言，为大会带来了技术层面鲜活的“中天经验”。

实际上，中天早在2006年便着眼技术进步，在制度与规划上做好谋划，今年3月初，中天成功设立“院士专家工作站”。中天建设集团院士专家工作站和七家专业研究所（室）在本次大会上揭牌亮相!

院士专家工作站的领头人叶可明院士，专程以现场播放VCR的形式表达对中天技术发展的巨大信心和未来期望。中天与院士专家的合作将主攻“数字化建造、建筑工业化、绿色建筑”等研究方向，加速数字技术与建造技术的深度融合，助推中天转型升级。

为此，会上正式发布《2020年技术进步推进方案》，中天控股集团技术总监、中天建设集团总工程师刘玉涛对该方案进行详细讲解。

下午，在与会人员集体朗读《六项精进》后，中天控股集团董事长楼永良作题为《技术强企 驱动转型》的讲话。楼董事长指出，先进技术的需求正在中天放大，中天要全面加快技术进步，打造行业先进生产力，打造技术驱动的产业价值链。中天技术进步已经上升到战略高度，要坚定走技术进步推动转型发展之路，用先进的建造方式。楼董事长的讲话剖长处、析短板，让中天的“强技术”路径更加清晰明确，为全体中天技术人员注入了一剂强心剂!

VS

凝心聚力强技术 赋能助力赢未来

——中天控股集团召开2020技术发展大会

WIN THE FUTURE

图3-31　文本规范下的视觉效果

视觉层次是指将信息按重要程度进行等级划分，依据对比、平衡等原则形成不同的视觉重量，使重要的文字信息脱颖而出，让视觉信息之间产生一个个由强到弱的视觉焦点，从而增强版面的节奏与韵律，引导读者的浏览顺序，便于读者快速抓住要点、分清主次关系（图3-32）。

图 3-32　文字信息的层级关系

图 3-33　海报设计《赤壁》

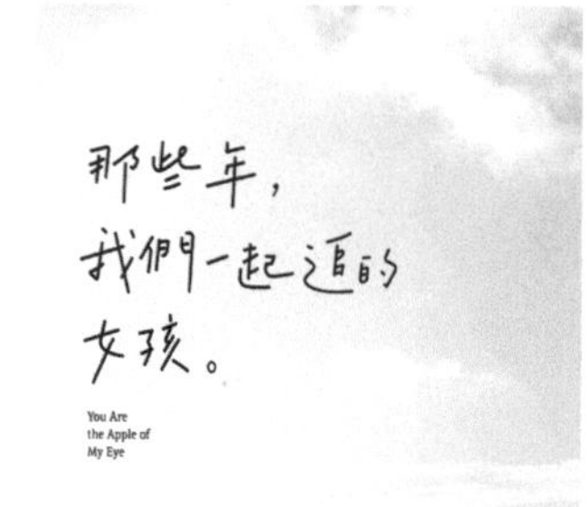

图 3-34　海报设计《那些年，我们一起追的女孩》

图 3-35　海报设计《长津湖之水门桥》

（1）主标题

俗话说："看书先看皮，看报先看题。"标题对文章的重要性是毋庸置疑的。

主标题也称题头，是对全文内容与精神内涵的高度概括。在浏览一篇文章时，想要快速有效地了解主题方向或大体内容，读者最先考虑的是看标题。

好的标题"会说话"，其本身具有很强的感染力。在对标题进行编排设计时，在了解字义的基础上加强视觉表现，最行之有效的方式就是通过改变字体的形象来营造主题风格与意境，达到最佳的视觉传达效果。

A. 标题字体的风格

选择合适的字体，可以有效传达出与主题相符的气质与风格。如图3-33所示，电影招贴中的"赤壁"选用的字体为隶书，准确地体现出故事的历史背景。三国时期的字主要以隶书为主，字体结体扁平、工整精巧，使用这种字体可以为影片增添庄重典雅、沉着冷静的气质。

图3-34所示的电影招贴中的"那些年，我们一起追的女孩"以手写的方式呈现，显得自然、亲切，表现出青春的懵懂，能勾起观者的回忆，瞬间让人产生共鸣（图3-34）。

水门桥战疫发生在长津湖战疫后期，也称"三炸水门桥"。招贴中的字体自然选用了笔画粗犷的非衬线体，利用视觉分量制造强势视觉效果，让观者充分感受到战争任务的艰巨与残酷（图3-35）。

B.断行断句

标题的断行断句，可简单理解为将标题信息隔断，并另起一行进行对齐排列。目的是达到主题明确、精简扼要、词意完整。

通常情况下，当标题过长的时候可采用断行断句的方式进行处理，但前提是设计师必须要对主题与文本内涵做充分理解。合理的断行，会有效缩短标题的长度并加强其节奏感，有助于提升读者的阅读效率。特别是对中文标题来说，不一样的断行断句，所产生的意境会大相径庭（图3-36）。

图3-36　标题的断行断句——听海哭的声音

C.标题的组合编排

错位编排建立在不影响正常阅读的前提下，将信息元素之间的位置进行微调，产生一种错落有致的视觉效果，打破了常规的对齐编排，彰显出创意与个性。

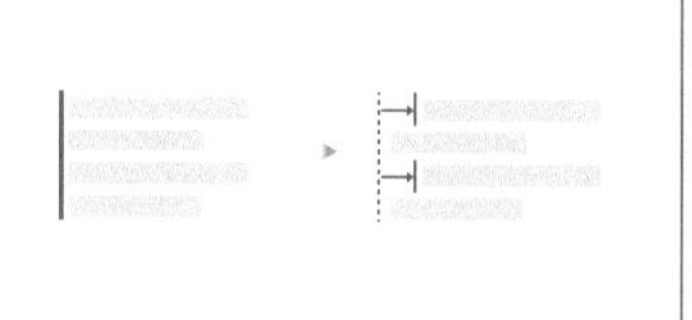

错位式

在对齐的基础上，
将部分视觉元素的位置错开，
营造视觉上的留白，
产生节奏与层次。

a. 错位式组合

在对齐的基础上，将部分视觉元素的位置错开，营造视觉上的留白，产生节奏与层次（图3-37）。

图 3-37
海报设计 /MANSOOR

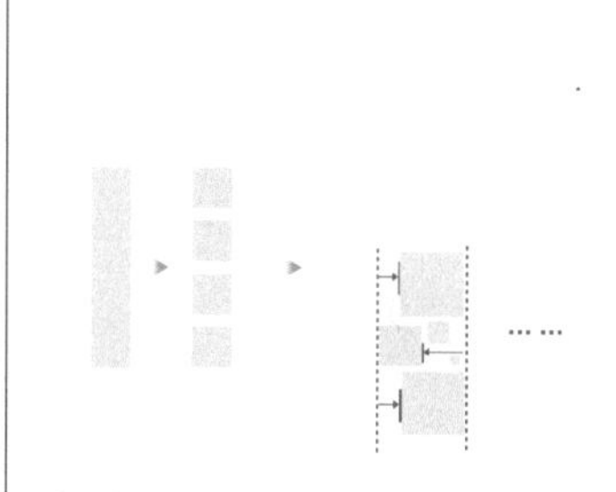

自由式

将文字信息拆分，重新布局整合，营造出个性、自由的视觉效果，让文字间凸显节奏与韵律。

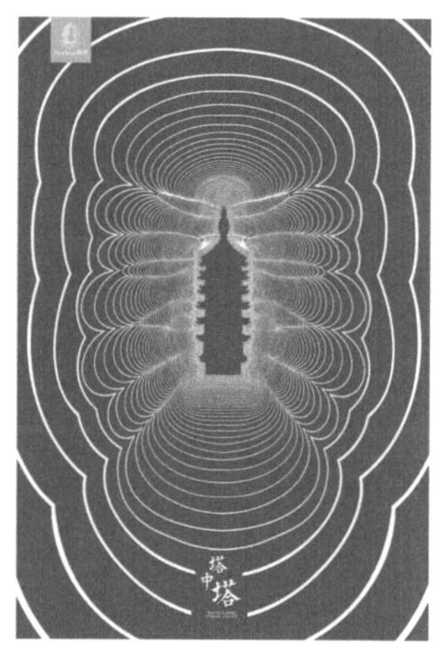

b. 自由组合排列

将信息元素拆分，重新自由布局整合，营造出个性、活泼的视觉效果，赋予其节奏与韵律（图3-38）。

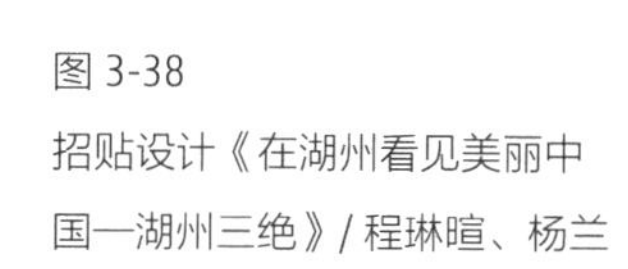

图 3-38
招贴设计《在湖州看见美丽中国—湖州三绝》/ 程琳暄、杨兰

c. 倾斜式组合

将信息元素以一定角度呈倾斜式编排，可以打破呆板的视觉效果，让版面重获律动与活力（图3-39）。

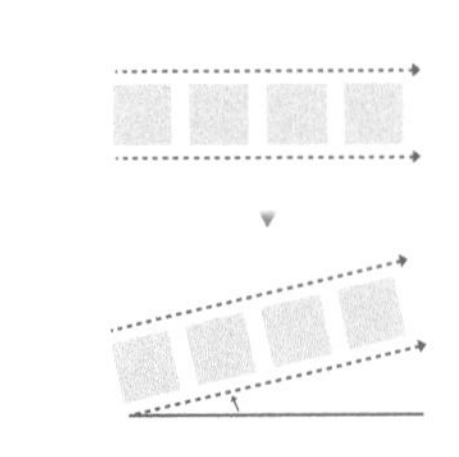

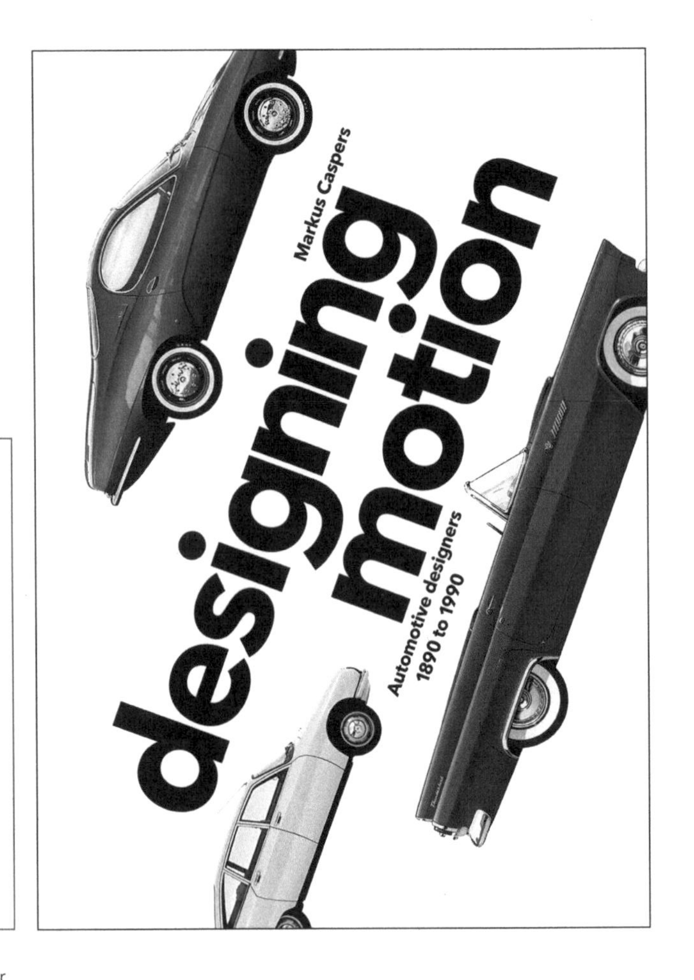

图 3-39　字体海报设计 /Res Eichenberger

d. 创意编排

利用创意编排手法，可将文字信息与其他视觉信息有机融合，增加视觉冲击力，产生“1+1＞2”的全新视觉效果。

大小层级

在视觉上，改变字体的大小，让版面的各视觉元素的层级关系更加清晰，条理更加分明（图3-40）。

企业：中天控股集团

主题：2018公益慈善报告

时间：2018年12月15日至12月18日

地址：中国杭州钱塘江新城城星路中天国开大厦

联系电话：0571-0000000

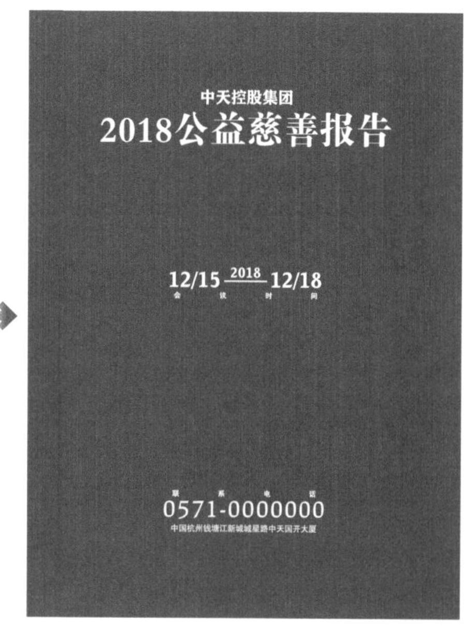

图3-40　大小层级

装饰点缀

将文字信息与图形等设计元素相结合，既有助于读者的阅读与理解，又丰富、装饰了版面（图3-41）。

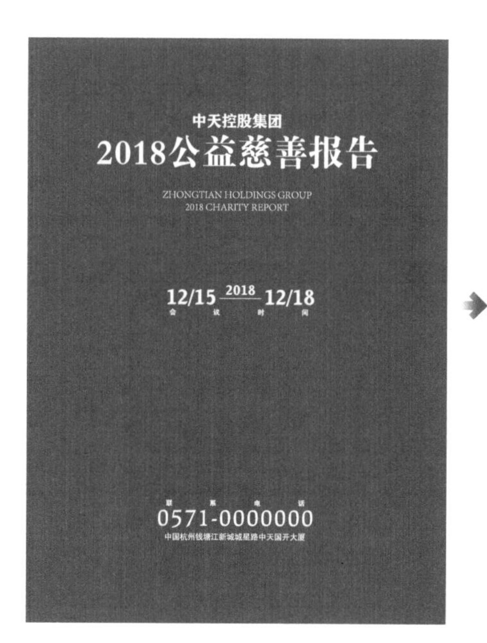

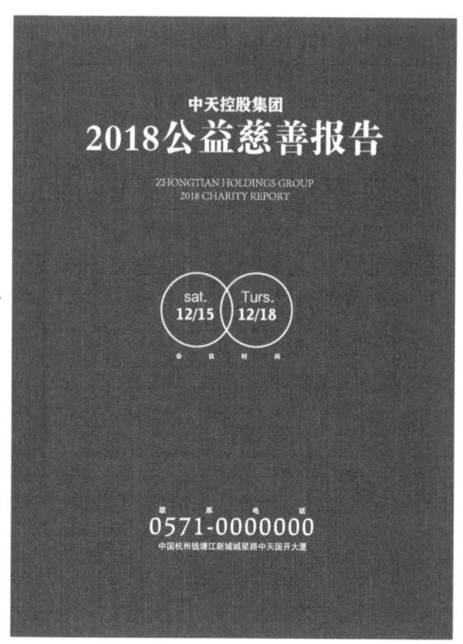

图3-41　装饰点缀

层叠手法

根据文字、色彩等信息元素之间的关联，将它们有机叠加组合，使之成为一个统一的整体视觉形象，体现出创意编排（图3-42）。

中天控股集团
2018公益慈善报告

中天控股集团
2018公益慈善报告

图3-42 层叠手法

同构手法

利用同构的表现手法，将文字与相关图形等设计元素相融合，为新的形象赋予更深的寓意与视觉冲击力（图3-43）。

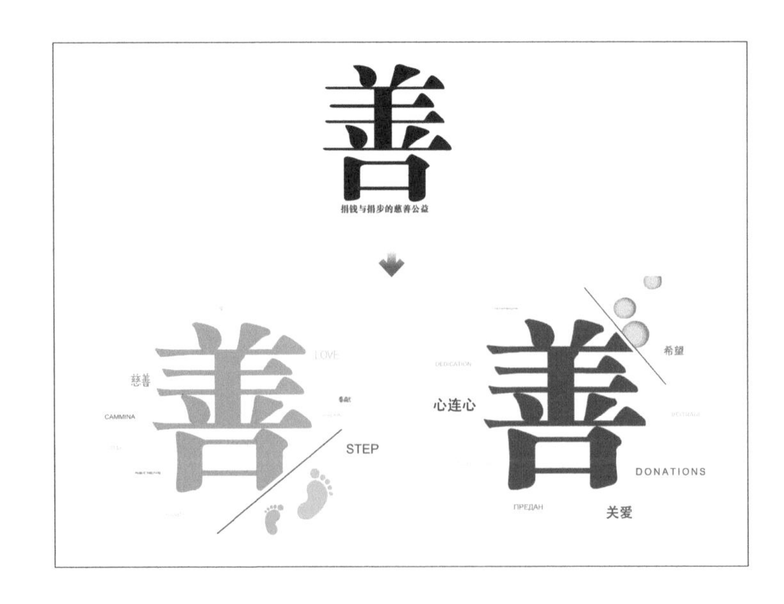

图3-43
同构手法

正负手法

利用正负形的表现手法，将文字与图形紧密相连，赋予其更深刻的内涵（图3-44）。

图3-44　正负手法

（2）小标题

小标题常出现在文章之中，多以关键词或短语的形式呈现，是对段落内容的精准概括。

初学者往往会忽视它的作用，在编排中常将其与正文混为一谈。小标题的存在，可以使文章结构严谨、条理清晰。通过小标题的“指引”能够让读者快速领会段落内容大意。

A. 常规处理

为了使小标题区别于其他文字信息，最基本的方法就是对其字体、字号、色彩、样式等方面进行改变。与此同时，需要注重的是文字信息之间的大小层级关系（主标题＞小标题＞正文＞图注），切勿喧宾夺主，否则会造成视觉与逻辑上的混乱（图3-45）。

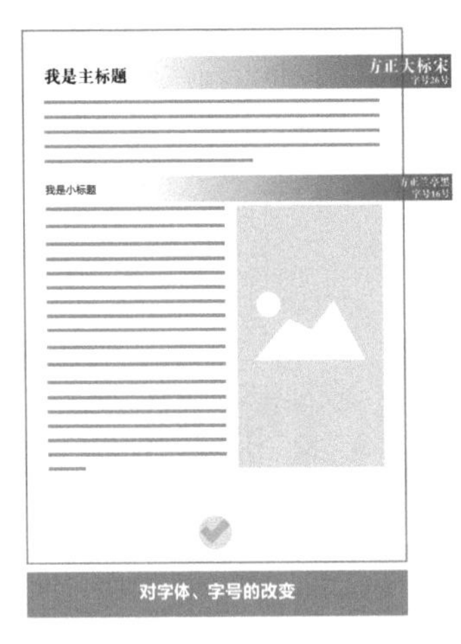

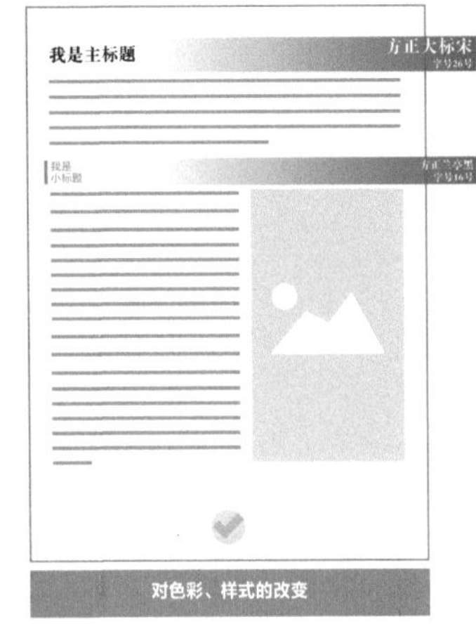

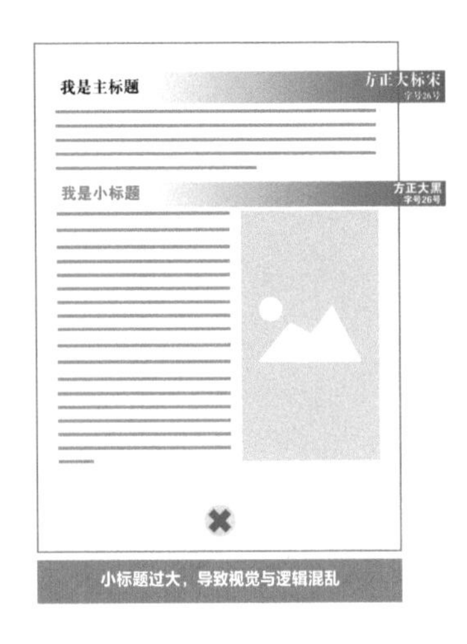

图 3-45　小标题的常规处理

B. 断行断句

一般情况下，小标题也需要断行断句。特别是当字数过多时，需根据语气停顿的习惯对其进行断行断句，同时也要保证信息的可识别性与可读性，避免产生歧义等问题。断句一般可将句子划分为两至三行，再将文字按对齐原则处理，增强阅读的节奏感。如图3-46所示，将小标题进行断行断句处理并遵循左对齐原则，使版面产生错落有致的线性空间，营造出丰富的视觉层次与造型。

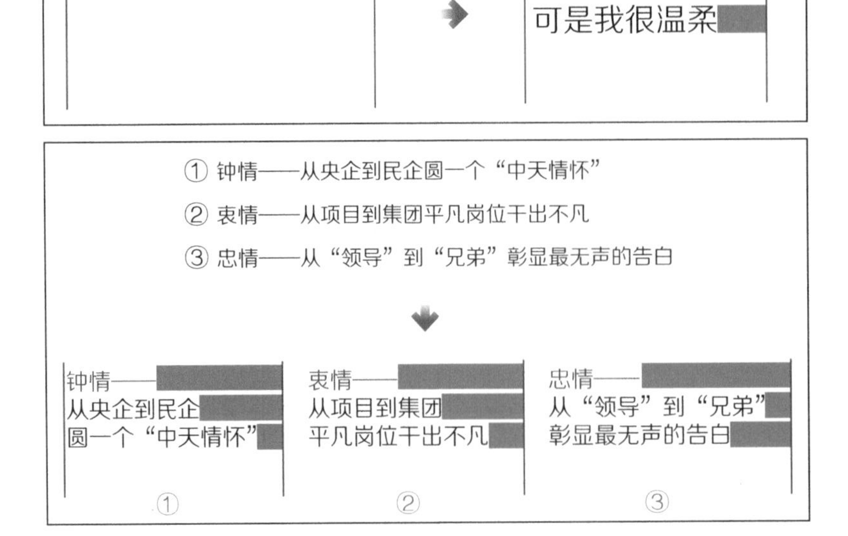

图 3-46
小标题的断行断句

C.双语组合

中英文双语组合是最常见的标题组合方式，体现出现代编排的风格（图3-47）。

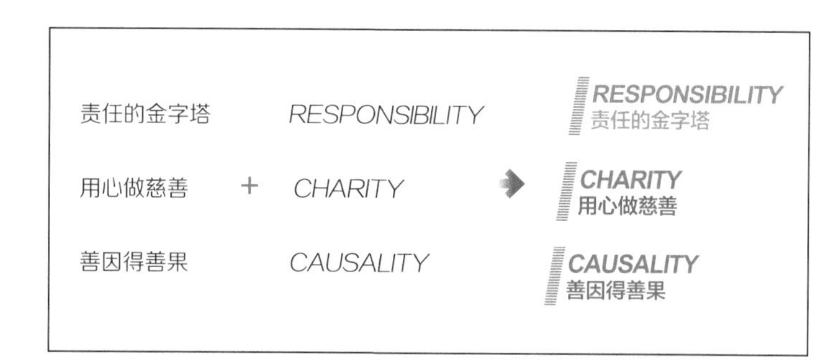

图3-47
双语组合应用

D.与图形符号组合

将图形符号与小标题进行有机组合，在视觉上不仅能起到区别、装饰的作用，而且显得直观、简洁、大方（图3-48）。

图3-48
小标题与图形符号组合应用

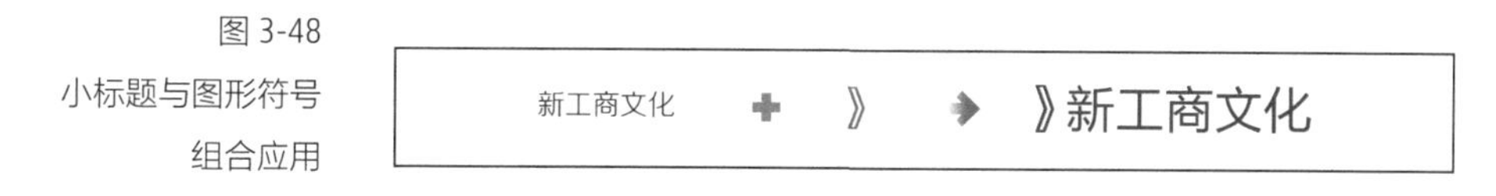

E.与色块组合

利用色块可有效区别小标题与其他视觉信息元素，加强小标题的视觉冲击力（图3-49）。

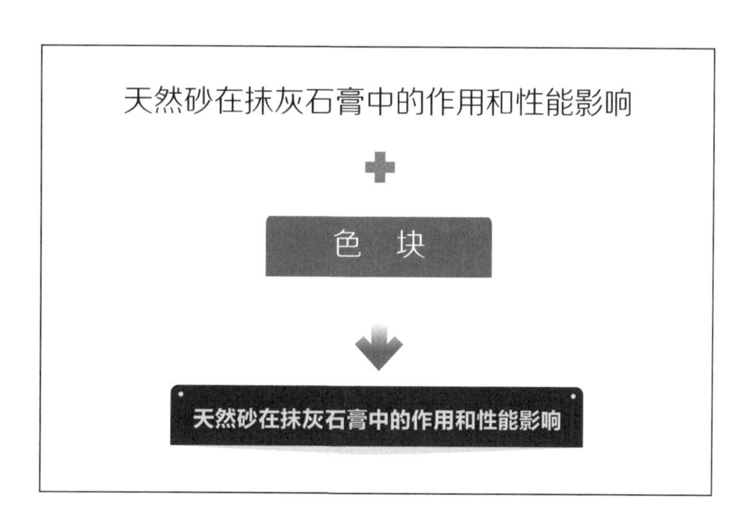

图3-49
小标题与色块
组合应用

F.排序组合

具有先后序列特征的视觉元素，例如数字排序（1/2/3/4、壹/贰/叁/肆、A/B/C/D、Ⅰ/Ⅱ/Ⅲ/Ⅳ/Ⅴ），时间排序（早/中/晚、春/夏/秋/冬），认知排序（赤/橙/黄/绿/青/蓝/紫、子鼠/丑牛/寅虎/卯兔/辰龙）在版面中的应用，会使全文形成一个条理清晰、脉络分明的主线，从而增强信息之间的逻辑关系（图3-50）。

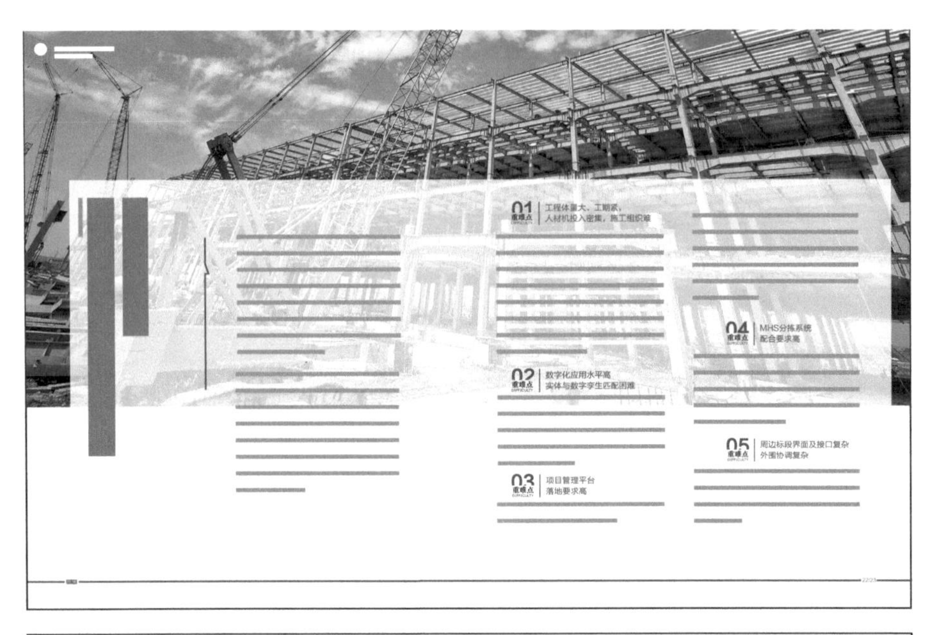

图3-50 小标题排序组合应用

G.与点、线、面组合

合理利用平面构成元素——点、线、面与小标题进行搭配组合，在强调重要信息的同时，又提升了设计美感（图3-51）。

图3-51 小标题与点、线、面组合应用

H.错位编排

将小标题与其他信息错位编排，可更好地对版面中的视觉信息进行有效的识别与区分（图3-52）。

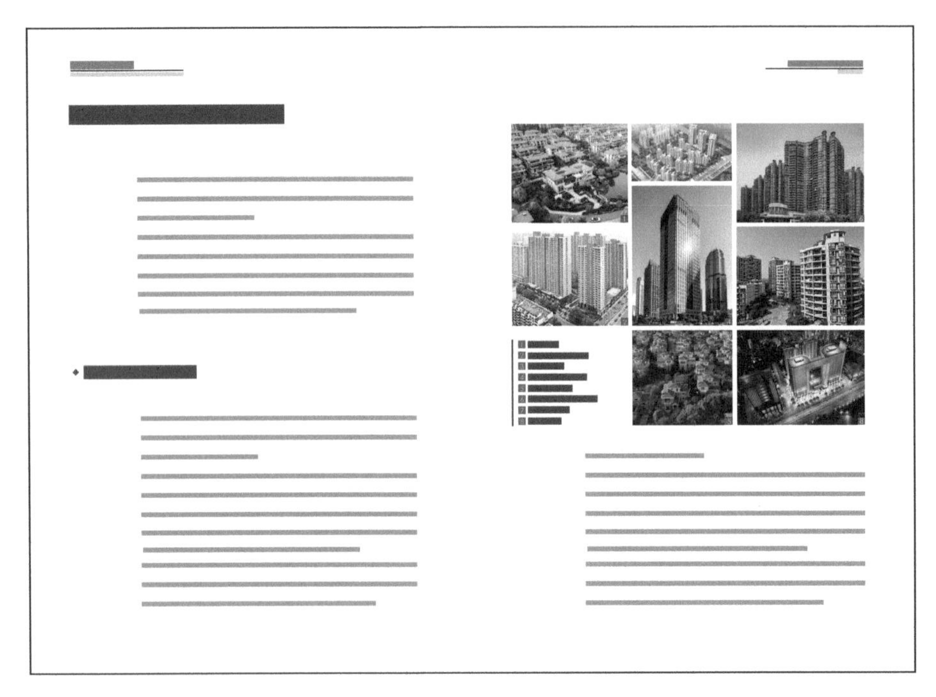

图 3-52 错位编排应用

（3）正文

正文是对文章的具体论述。

对正文的编排至关重要，要做到字体、字号搭配得当，字距、行距调整适当，首尾标点缩进安排妥当。合理的规范应用，能够使正文与其他视觉元素和谐相处，不会显得过于刻板，给读者提供舒适、自然的阅读体验（图3-53）。

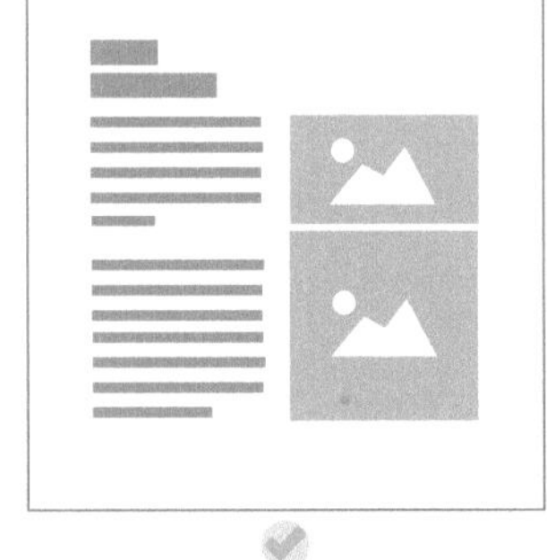

图 3-53

正文的视觉规范

A.字体、字号搭配得当

依据主题风格选择合适的字体进行编排，同时要保证版面的视觉效果和谐、统一。在一篇文章之中，切勿使用过多种类的字体，否则会造成视觉上的混乱（图3-54）。

图3-54　不同字体的视觉效果

在编排中，对字号大小的设定没有固定的数值，它与视距密切关联。所谓视距是指眼睛与视觉信息对象之间的距离。在浏览一本书的时候，眼睛与书本的距离一般会保持在35～40cm。设计时要依据视距来计算字号的最佳数值范围（图3-55）。

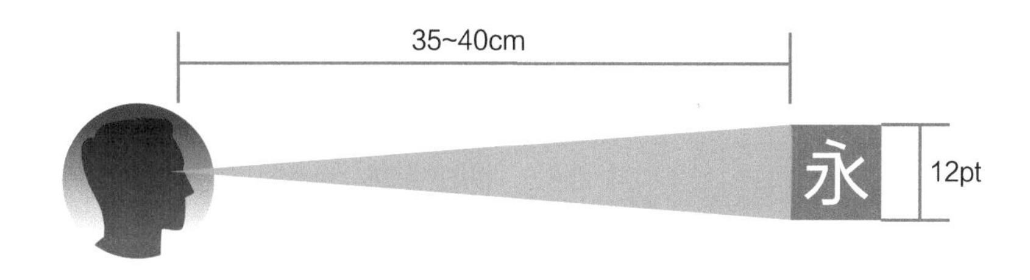

图3-55　字号与视觉距离的关系

一般情况下，对正文的字号大小会设定一个正常的应用范围，即8～12pt（点）。字号的改变体现出设计师对读者的一种关怀与照顾，对不同年龄段的受众群体要选择不同的字号，文字太大或太小都会造成视觉疲劳，建议设计时输出样稿进行对比，然后再选择最终的方案（图3-56）。

一般情况下，对正文的字号大小会设定一个正常的应用范围，即8~12pt（点）。字号的改变体现出设计师对读者的一种关怀与照顾，对不同年龄段的受众群体要选择不同的字号，文字太大或太小都会造成视觉疲劳。建议设计时输出样稿进行比对，然后再选择最终的方案。

字号8pt

一般情况下，对正文的字号大小会设定一个正常的应用范围，即8~12pt（点）。字号的改变体现出设计师对读者的一种关怀与照顾，对不同年龄段的受众群体要选择不同的字号，文字太大或太小都会造成视觉疲劳。建议设计时输出样稿进行比对，然后再选择最终的方案。

字号9pt

一般情况下，对正文的字号大小会设定一个正常的应用范围，即8~12pt（点）。字号的改变体现出设计师对读者的一种关怀与照顾，对不同年龄段的受众群体要选择不同的字号，文字太大或太小都会造成视觉疲劳。建议设计时输出样稿进行比对，然后再选择最终的方案。

字号10pt

一般情况下，对正文的字号大小会设定一个正常的应用范围，即8~12pt（点）。字号的改变体现出设计师对读者的一种关怀与照顾，对不同年龄段的受众群体要选择不同的字号，文字太大或太小都会造成视觉疲劳。建议设计时输出样稿进行比对，然后再选择最终的方案。

字号11pt

一般情况下，对正文的字号大小会设定一个正常的应用范围，即8~12pt（点）。字号的改变体现出设计师对读者的一种关怀与照顾，对不同年龄段的受众群体要选择不同的字号，文字太大或太小都会造成视觉疲劳。建议设计时输出样稿进行比对，然后再选择最终的方案。

字号15pt

图3-56 不同字号的视觉效果

在编排正文时，设计师应综合考虑主题风格、受众群体与视觉需求等方面因素，选择一个最为恰当的字号。

在一个版面内要规避字号过多的现象出现，否则会造成文字层级上的混乱，从而破坏整体性与节奏感。同时还要注意，电脑软件中所显示的字号大小不一定是实际印刷的字号大小，设计师在完成设计之后务必打样进行审视与核对。

阅读的舒适度取决于字号、行长、行间距之间的比例，以三者达到平衡为佳。[1]若正文行长过长或过短，阅读与记忆都会受到影响，容易出现看错行、漏行等问题（图3-57）。

阅读的舒适度取决于字号、行长、行间距之间的比例，以三者达到平衡为佳。若正文行长过长或过短，阅读与记忆都会受到很大影响，常会出现看错行、漏行等问题。一般情况下，正文行长在页面中最好不要超过110个字符。通过对字距与行距的微调，可以让信息内容变得清晰易读。

华文宋体，7pt，无行间距，行长40mm。

阅读的舒适度取决于字号、行长、行间距之间的比例，以三者达到平衡为佳。若正文行长过长或过短，阅读与记忆都会受到很大影响，常会出现看错行、漏行等问题。一般情况下，正文行长在页面中最好不要超过110个字符。通过对字距与行距的微调，可以让信息内容变得清晰易读。

华文宋体，8pt，行间距增加1点，行长50mm。

阅读的舒适度取决于字号、行长、行间距之间的比例，以三者达到平衡为佳。若正文行长过长或过短，阅读与记忆都会受到很大影响，常会出现看错行、漏行等问题。一般情况下，正文行长在页面中最好不要超过110个字符。通过对字距与行距的微调，可以让信息内容变得清晰易读。

华文宋体，8pt，行间距增加2点，行长60mm。

阅读的舒适度取决于字号、行长、行间距之间的比例，以三者达到平衡为佳。若正文行长过长或过短，阅读与记忆都会受到很大影响，常会出现看错行、漏行等问题。一般情况下，正文行长在页面中最好不要超过110个字符。通过对字距与行距的微调，可以让信息内容变得清晰易读。

华文宋体，8pt，行间距增加4点，行长75mm。

阅读的舒适度取决于字号、行长、行间距之间的比例，以三者达到平衡为佳。若正文行长过长或过短，阅读与记忆都会受到很大影响，常会出现看错行、漏行等问题。一般情况下，正文行长在页面中最好不要超过110个字符。通过对字距与行距的微调，可以让信息内容变得清晰易读。

华文宋体，10pt，行间距增加5点，行长120mm。

图 3-57　字号、行长与行距之间的比例关系

[1] [美]詹・V.怀特. 编辑设计. 应宁，译. 上海：上海人民美术出版社，2019.

以中文为例，一般情况下正文行长在页面（210mm×285mm）中最好不要超过110字符。如果想让信息内容变得清晰易读，可适当地对字号、字距以及行距进行微调（图3-58）。

第一段文字字体为华文宋体，字号选定为9pt，在页面（210mm×285mm）中，行长设定为80mm，每行字数控制在25个左右，行间距也相应做了调整（增加到18pt），提升了阅读的舒适度。

第二段文字字体为华文宋体，字号选定为9pt，在页面（210mm×285mm）中，行长设定为160mm，每行的字数在45个左右，无行间距。行长过长，容易使读者产生视觉疲劳，不适合长时间阅读。

第三段文字字体为华文宋体，字号选定为11pt，在页面（210mm×285mm）中，行长设定为160mm，字距与行间距也得到了相应增加，虽横跨了整个版面，但这样看起来会比第二段要好一些。

图3-58 字号、字距与行距的调整

B.字距、行距调整适当

字距与行距的变化都会对阅读的节奏产生一定的影响。字距越小，文章阅读的速度就越快，反之则会越慢（图3-59）。

衬线体与非衬线体因各自的结构不同，在正文中的应用也必然会存在视觉差异。

由于五彩最初是从青花斗彩中逐步转化过来的，所以无论是构图还是用笔、用线及人物、动植物的表现方法都与青花比较接近，这在大明五彩中表现尤为突出，而康熙五彩则较弱，如“嘉靖五彩天马罐”和“青花龙凤八方洗”上的画面，都采用的是散点式平面化构图。里面的云彩大同小异，都是中间为团块装饰，四周绘有呈三角形的云朵，还有“万历五彩龙凤盒”上的凤和“青花龙凤八方洗”上的凤的画法也基本一样，只有万历五彩的凤比青花五彩的凤更加复杂饱满、富丽堂皇。

字间距过小或过大，都会影响阅读速度

由于五彩最初是从青花斗彩中逐步转化过来的，所以无论是构图还是用笔、用线及人物、动植物的表现方法都与青花比较接近，这在大明五彩中表现尤为突出，而康熙五彩则较弱，如“嘉靖五彩天马罐”和“青花龙凤八方洗”上的画面，都采用的是散点式平面化构图。里面的云彩大同小异，都是中间为团块装饰，四周绘有呈三角形的云朵，还有“万历五彩龙凤盒”上的凤和“青花龙凤八方洗”上的凤的画法也基本一样，只有万历五彩的凤比青花五彩的凤更加复杂饱满、富丽堂皇。

适当的字间距，提高阅读效率

图3-59 字距影响阅读的节奏

在传统纸媒中，衬线体经常被应用在大段落文字的排版上，给读者留下美观、易读的阅读感受，而非衬线体则应用在标题或短句中，起到了强调、提醒的作用。同时，设计师也要合理协调两者之间的关系，使版面体现出严谨、和谐的理性之美（图3-60）。

衬线体常常给人以纤细、轻柔的视觉感受，利于读者快速、平静地阅览。相比之下，**非衬线体在视觉上会显得十分厚实、庄重，读者的目光会被一道道粗犷的笔画所吸引，这显然会降低阅读的速率。整段文字排列起来乍一看像一个黑灰色块，很容易让人产生视觉压迫感。**

字号10pt，字间距为0，行间距为14pt

衬线体常常给人以纤细、轻柔的视觉感受，利于读者快速、平静地阅览。相比之下，**非衬线体在视觉上会显得十分厚实、庄重，读者的目光会被一道道粗犷的笔画所吸引，这显然会降低阅读的速率。整段文字排列起来乍一看像一个黑灰色块，很容易让人产生视觉压迫感。如果需要缓和视觉的紧张程度，可以在此基础上对文字的字号、字间距、行间距进行调整。**

字号10pt，字间距为5，行间距为22pt

图3-60 对衬线体与非衬线体的具体应用与调整

C.首行缩进，标点避头尾

一篇文章由多个段落构成，分段有助于理清内容的逻辑顺序，让作者的思路与意图表达得更清晰。

所谓首行缩进就是将每个段落首行文字缩进两倍字号大小的空间距离，可以简单地理解为在每段的开头空出两个字。

在编排设计中，采用段落首行缩进的方式有助于区分段落内容的层次，直观展示文章结构，做到段落分明、条理清晰（图3-61）。

查令十字街84号 | 节选

我们终于寻获一本版本相当不错的《项狄传》，附有罗布的插图，价格约合美金二元七十五分。同时我们也收到一册柏拉图的《苏格拉底四论》，译者是本杰明·乔伊特，一九〇三年在牛津出版。此书标价一美元，您是否要买？您在敝店户头内尚有美金一元二十二分的余额，如您两册都购买，仅需再付给我们美金二元五十三分。

我们仍翘首期盼您今夏能来，我家的两个女孩儿都离家住校，所以届时橡原巷37号将会有两间卧房任您挑选。很遗憾地向您报告：博尔顿老太太已被送到老人之家，我们都很难过，但毕竟她在那儿能得到比较好的照料。

选用的字体为华文宋体，字号为10点(pt)，行间距保持不变，不设置首行缩进。

查令十字街84号 | 节选

我们终于寻获一本版本相当不错的《项狄传》，附有罗布的插图，价格约合美金二元七十五分。同时我们也收到一册柏拉图的《苏格拉底四论》，译者是本杰明·乔伊特，一九〇三年在牛津出版。此书标价一美元，您是否要买？您在敝店户头内尚有美金一元二十二分的余额，如您两册都购买，仅需再付给我们美金二元五十三分。

我们仍翘首期盼您今夏能来，我家的两个女孩儿都离家住校，所以届时橡原巷37号将会有两间卧房任您挑选。很遗憾地向您报告：博尔顿老太太已被送到老人之家，我们都很难过，但毕竟她在那儿能得到比较好的照料。

选用的字体为华文宋体，字号为10点(pt)，行间距保持不变，首行缩进设置为1倍字号大小，即10点(pt)。

查令十字街84号 | 节选

我们终于寻获一本版本相当不错的《项狄传》，附有罗布的插图，价格约合美金二元七十五分。同时我们也收到一册柏拉图的《苏格拉底四论》，译者是本杰明·乔伊特，一九〇三年在牛津出版。此书标价一美元，您是否要买？您在敝店户头内尚有美金一元二十二分的余额，如您两册都购买，仅需再付给我们美金二元五十三分。

我们仍翘首期盼您今夏能来，我家的两个女孩儿都离家住校，所以届时橡原巷37号将会有两间卧房任您挑选。很遗憾地向您报告：博尔顿老太太已被送到老人之家，我们都很难过，但毕竟她在那儿能得到比较好的照料。

选用的字体为华文宋体，字号为10点(pt)，行间距保持不变，首行缩进设置为2倍字号大小，即20点(pt)。

查令十字街84号 | 节选

我们终于寻获一本版本相当不错的《项狄传》，附有罗布的插图，价格约合美金二元七十五分。同时我们也收到一册柏拉图的《苏格拉底四论》，译者是本杰明·乔伊特，一九〇三年在牛津出版。此书标价一美元，您是否要买？您在敝店户头内尚有美金一元二十二分的余额，如您两册都购买，仅需再付给我们美金二元五十三分。

我们仍翘首期盼您今夏能来，我家的两个女孩儿都离家住校，所以届时橡原巷37号将会有两间卧房任您挑选。很遗憾地向您报告：博尔顿老太太已被送到老人之家，我们都很难过，但毕竟她在那儿能得到比较好的照料。

选用的字体为华文宋体，字号为10点(pt)，行间距保持不变，首行缩进设置为4倍字号大小，即40点(pt)。

图3-61　首行缩进的视觉效果

标点避头尾是指通过对字符间距的微调，避免标点符号出现在行首、行尾位置，以保证版面美观与阅读流畅，同时也体现出严谨、专业的编排态度。

特别是在编排正文文字的时候，按照出版规范，标点在段落中不应该安排在不恰当的位置上，例如逗号、句号、分号、问号等不能出现在行首，左书名号（《）、左引号（“）等不能出现在行末。另外，为了避免段落最后留下“小尾巴”——孤行寡字，可以通过调整字间距或栏宽来解决（图3-62）。

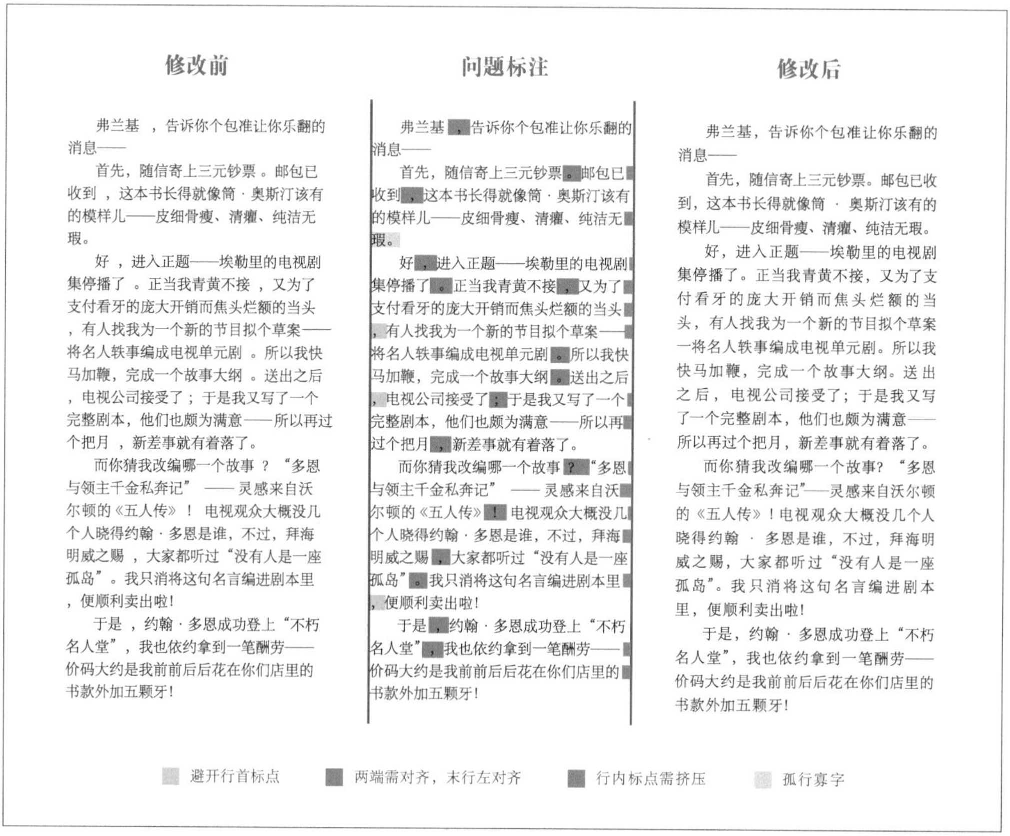

修改前

弗兰基 ，告诉你个包准让你乐翻的消息——

首先，随信寄上三元钞票 。邮包已收到 ，这本书长得就像简 · 奥斯汀该有的模样儿——皮细骨瘦、清癯、纯洁无瑕。

好 ，进入正题——埃勒里的电视剧集停播了 。正当我青黄不接 ，又为了支付看牙的庞大开销而焦头烂额的当头 ，有人找我为一个新的节目拟个草案——将名人轶事编成电视单元剧 。所以我快马加鞭，完成一个故事大纲 。送出之后 ，电视公司接受了；于是我又写了一个完整剧本，他们也颇为满意——所以再过个把月 ，新差事就有着落了。

而你猜我改编哪一个故事 ？“多恩与领主千金私奔记” —— 灵感来自沃尔顿的《五人传》！ 电视观众大概没几个人晓得约翰 · 多恩是谁，不过，拜海明威之赐 ，大家都听过“没有人是一座孤岛”。我只消将这句名言编进剧本里 ，便顺利卖出啦!

于是 ，约翰 · 多恩成功登上“不朽名人堂”，我也依约拿到一笔酬劳——价码大约是我前前后后花在你们店里的书款外加五颗牙!

问题标注

弗兰基 ，告诉你个包准让你乐翻的消息——

首先，随信寄上三元钞票 。邮包已收到 ，这本书长得就像简 · 奥斯汀该有的模样儿——皮细骨瘦、清癯、纯洁无瑕。

好 ，进入正题——埃勒里的电视剧集停播了 。正当我青黄不接 ，又为了支付看牙的庞大开销而焦头烂额的当头 ，有人找我为一个新的节目拟个草案——将名人轶事编成电视单元剧 。所以我快马加鞭，完成一个故事大纲 。送出之后 ，电视公司接受了 ；于是我又写了一个完整剧本，他们也颇为满意——所以再过个把月 ，新差事就有着落了。

而你猜我改编哪一个故事 ？“多恩与领主千金私奔记” —— 灵感来自沃尔顿的《五人传》 ！ 电视观众大概没几个人晓得约翰 · 多恩是谁，不过，拜海明威之赐 ，大家都听过“没有人是一座孤岛” 。我只消将这句名言编进剧本里 ，便顺利卖出啦!

于是 ，约翰 · 多恩成功登上“不朽名人堂” ，我也依约拿到一笔酬劳——价码大约是我前前后后花在你们店里的书款外加五颗牙!

修改后

弗兰基，告诉你个包准让你乐翻的消息——

首先，随信寄上三元钞票。邮包已收到，这本书长得就像简 · 奥斯汀该有的模样儿——皮细骨瘦、清癯、纯洁无瑕。

好，进入正题——埃勒里的电视剧集停播了。正当我青黄不接，又为了支付看牙的庞大开销而焦头烂额的当头，有人找我为一个新的节目拟个草案——将名人轶事编成电视单元剧。所以我快马加鞭，完成一个故事大纲。送出之后，电视公司接受了；于是我又写了一个完整剧本，他们也颇为满意——所以再过个把月，新差事就有着落了。

而你猜我改编哪一个故事？“多恩与领主千金私奔记”——灵感来自沃尔顿的《五人传》！电视观众大概没几个人晓得约翰 · 多恩是谁，不过，拜海明威之赐，大家都听过“没有人是一座孤岛”。我只消将这句名言编进剧本里，便顺利卖出啦!

于是，约翰 · 多恩成功登上“不朽名人堂”，我也依约拿到一笔酬劳——价码大约是我前前后后花在你们店里的书款外加五颗牙!

避开行首标点　两端需对齐，末行左对齐　行内标点需挤压　孤行寡字

图3-62　标点避头尾

（4）页眉与页脚

页眉常会被安排在版面的顶部（天头）或两侧（切口）区域，用来显示附加信息，一般是对主题、章节名、标语等主要信息的描述（图3-63）。

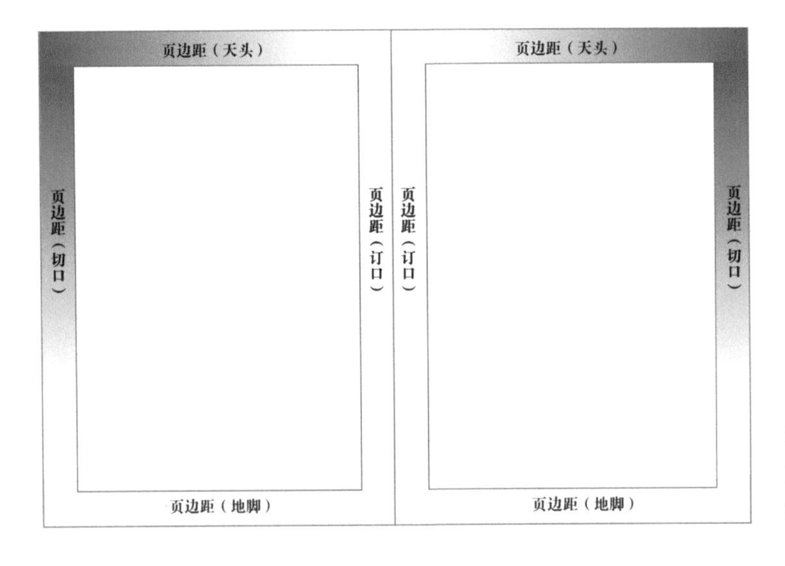

图3-63
页眉分布区域
（顶部或两侧）

页脚大多则被放置在版面底部（地脚）或两侧（切口）区域，主要是标注页码等信息（图3-64）。

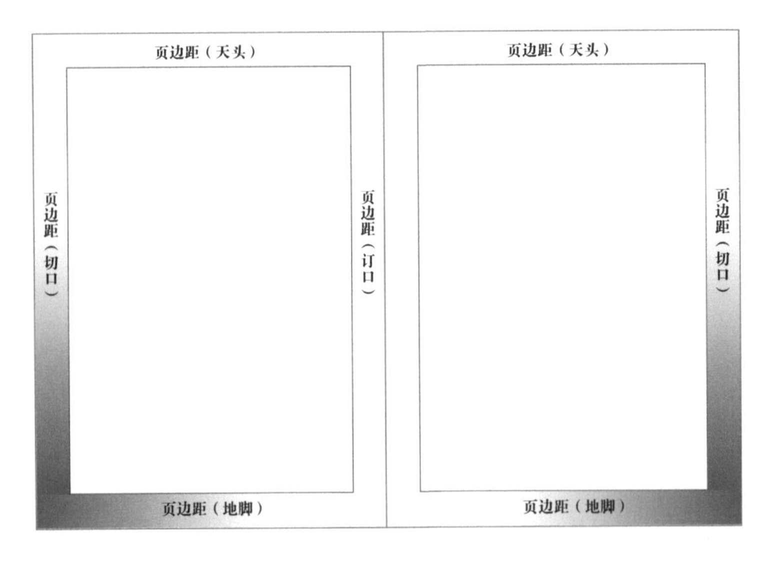

图3-64
页脚分布区域
（底部或两侧）

对页眉页脚的设计，并不是随意将相关信息组合即可，而要根据主题与版面需求来定。好的页眉页脚设计在美化版面的同时，又能起到快速定位、提升整体风格形象的作用（图3-65）。

的创新，把品牌意识纳入其规范管理之中，纳入其项目的运作过程之中，经济效益和社会效益显著。“每建必优”是中天人取胜市场的法宝。

可见，无论业务格局如何调整，业务领域如何扩大，每建必优成为了中天每一项产品的终极追求，成为了客户心中的定心石，更成为中天二十多年来时刻提醒自己的一句警语。

几十年如一日坚守对高质量追求的初心，从1990年开始，中天获得的各级优质工程一年比一年多，“白玉兰杯”“钱江杯”“国优银质奖”“建设部优质样板工程”“中国建设工程鲁班奖”等优质奖项接踵而至。

纵深掘进，完善全产业价值链

市场竞争，如逆水行舟。在汹涌的江水里要保持前进，就得小船变大船，大船成舰队。

为了更好地参与大土木领域的业务拓展，中天集团于2003年起通过并购，先后成立了中天路桥公司和中宏路桥公司，强势进入了市政路桥领域。2019年，两大路桥公司合并组建成为中天交通集团，目前在建项目200余个，业务规模近百亿。

面对城市轨道交通这个门槛准入极高的市场蓝海，2007年，中天涉足地铁盾构业务，并于2009年组建中天城轨，在广州、杭州、金华等地出色完成了一批总承包城轨项目，仅杭州一地累计业务近百亿元，并正在向武汉、长沙、成都等中西部区域不断延伸。

同时，作为全国布局的主要载体，各区域公司、区域集团也在不同程度地参与所在地的市政基础设施建设，涌现出郑州航空港会展路二期道路、东沙湖连通渠工程、陕西洋县华阳5A级景区等一大批代表性工程。目前，中天大土木领域业务每年超百亿，具备较扎实的基础能力，同时，还在水利、环保等领域加快布局和拓展。

除了在建筑主业持续深挖，纵向打开上下游产业价值链是中天发展的另一维度。如纵向拓展上游房地产开发，从中天房产到中天美好集团，确立房产为第二大主营业务；连接开发与施工的中间环节，2004年收购中怡和天怡两家设计院、2019年引入广东中天院，形成四大设计院，发挥设计力量；正是基于地产开发、设计带来的全景视野和综合能力，中天在PPP业务、工程总承包业务上得以抓住发展契机。

如果说纵向延伸战略增加了中天产业链的长度，那围绕建筑施工主业的横向产业链拓展战略，则无疑是增加了中天建设能力的厚度。

1999-2006年期间，中天在施工横向领域不断落子布局，先后成立了中天装饰、中天安装、中天钢构、中天幕墙、天成管理等专业细分公司；至二三规划末，中天已初步完成从单纯的房建业务向安装、装饰、智能化、消防等专业领域的延伸和拓展；随着2015年、2018年分别收购大地岩土和中天生态水利两家公司，中天专业细分领域的产业多元化版图基本成形；中天东方氟硅与天宏建科为代表的产业集群，也在建筑新领域、新技术上的深度探索上为中天产业链的延伸拓宽可能。

遂昌县清水源水库工程EPC总承包项目建筑安装工程施工Ⅱ标

东沙湖连通渠工程

杭州北支江过江通道工程效果图

杭州地铁SG9-8标

浙江金丽温高速公路

25 必由之路 / 中天控股集团创立25周年纪念

第一章 责任的金字塔

027

028

图 3-65 页眉页脚的编排设计

3.图片规范

优质的图片胜过万语千言，是能够撑起版面的重要视觉元素之一，在视觉传达设计中占据重要地位。

要将图片完美地应用在编排之中，并发挥关键作用，除了把握图片的相关标准之外，设计师还需要对图片进行深度研究与分析，读懂图片中的“信息”，学会对图片进行布局经营。

（1）读懂图片中的“信息”

阅读时，读者第一眼会被图片所吸引，接着再结合文字信息获取具体的主题内容。但对于编排来说却截然相反，设计师首要的任务就是了解文本内容，然后再结合主题筛选出最为合适的图片。

当“对”的图遇到“对”的内容时，才能迸发出强烈的主题感染力，才会具有很强的代入感，让主题传达更加清晰明了，否则会出现文不配图的局面，造成逻辑上的混乱（图3-66）。

图3-66 图片的“信息”与主题的关联

（2）对图片的布局经营

图片的编排主要是对主题、数量、面积、色彩、布局等方面进行整合，协调图片与其他视觉元素之间的关系，以达到主题明确、层次分明的目的。合理布局经营图片，可以加强视觉信息的关联，更能营造出设计美感。

A.图片的数量

图片数量的多少对版面视觉效果会有很大的影响。无图编排的情况下，很

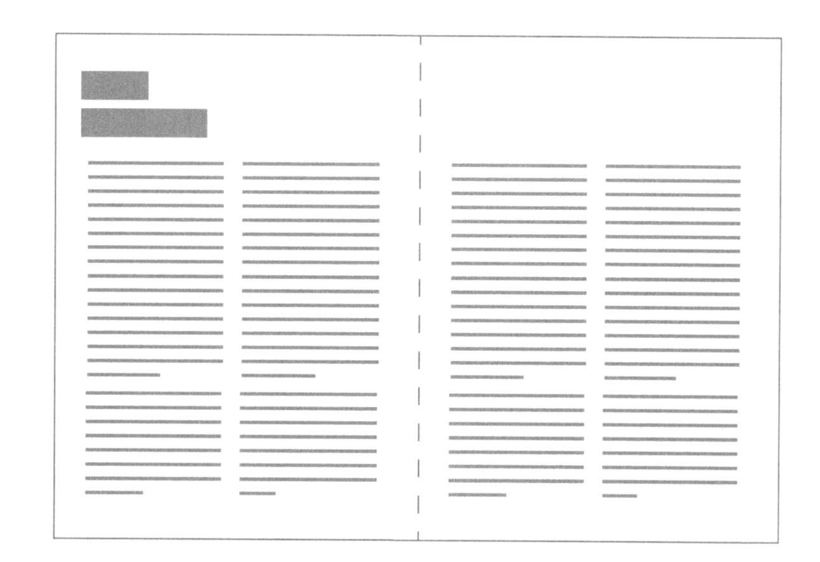

图 3-67
无图的编排

有可能会使版面显得枯燥无味，难以激发读者的阅读兴趣（图3-67）。相反，图片过多，虽能够营造出热闹、活跃的版面氛围，但处理不当会让画面变得杂乱无章。

对于图片多少的应用，并不是设计师随心所欲决定的，而要根据版面实际需求来决定。

单张图片的版面，让人产生安然、冷静的视觉感受（图3-68）。

图 3-68
单图的编排

合适数量的图片组合会营造出生动、活泼的视觉效果，能够激起读者的阅读兴趣（图3-69）。

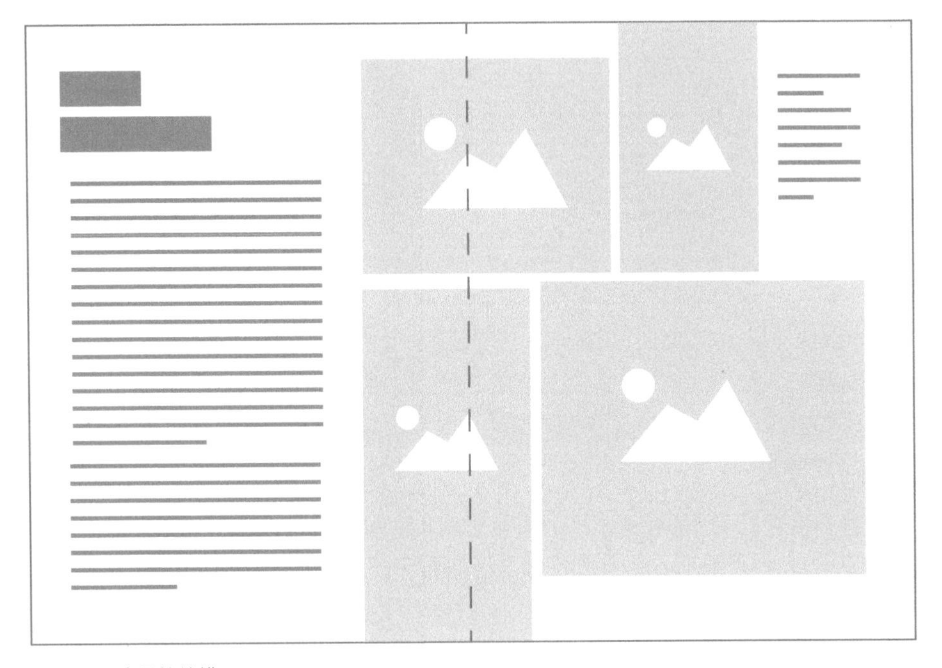

图3-69 多图的编排

B.图片的组合

图片的组合是一个十分重要且复杂的工作，特别是对于多张图片的组合，首先要考虑到它们之间的关联，例如主题方向是否统一，是否存在平级或上下级关系，是否保持一定的时间或空间上的连续性……一般要通过筛选、分类、整理，调整与处理它们的尺寸、色彩、布局等，最终优化并构建出一个主题明确、层次清晰的图片组合。图片组合的最高境界就是让图片之间具有一种连续性并存在逻辑关系，吸引、引导读者的注意，仿佛在诉说一个故事。

在图片组合的过程中，首先对图片进行主题筛选，排除与主题内容不相关的图片，接着再将筛选后的图片按层级进行划分、组合（图3-70）。

主题筛选之后，接着就是对相关图片进行审视、梳理与归纳，找出图片之间存在的关系，例如主次关系或整体与局部关系等，根据具体情况进行层级划分，最后再对不同层级的图片进行编排，力求达到符合逻辑的视觉效果（图3-71）。

图 3-70 图片的主题筛选

层级划分

经营与布局

图 3-71　图片的划分与组合

C.图片之间的相切、相交、融合

相切——图片之间属于同等级别，可以共用边线或以微小距离组合编排，从而产生视觉上的相切效果，这会让图片之间产生一种统一、亲密、连续的关系（图3-72）。

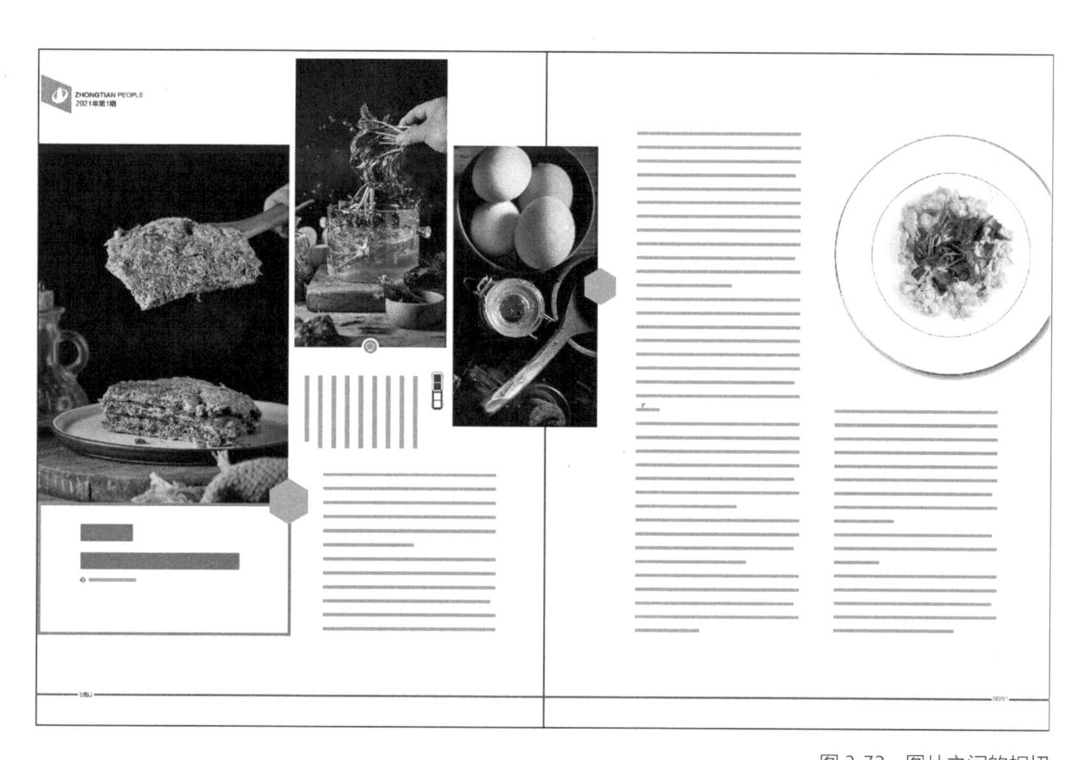

图3-72　图片之间的相切

相交——利用叠加、拼合等方式产生视觉相交的效果，强调了图片之间的关系，更具说服力（图3-73）。

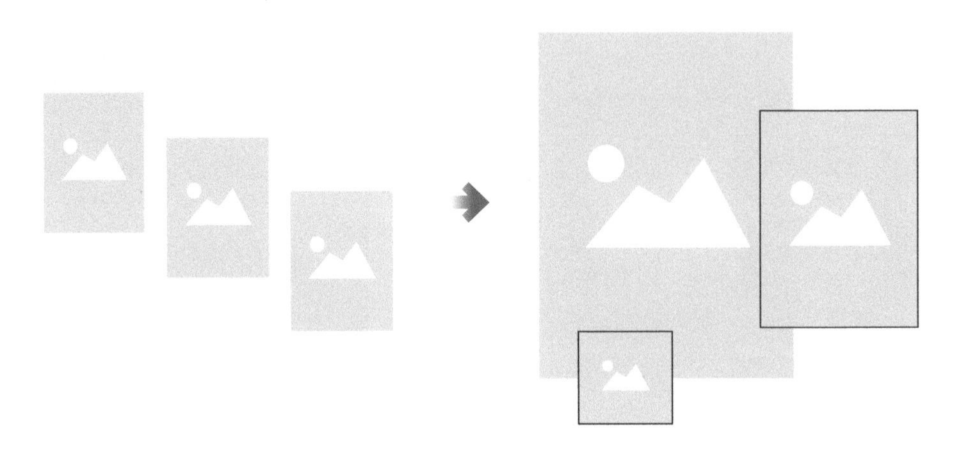

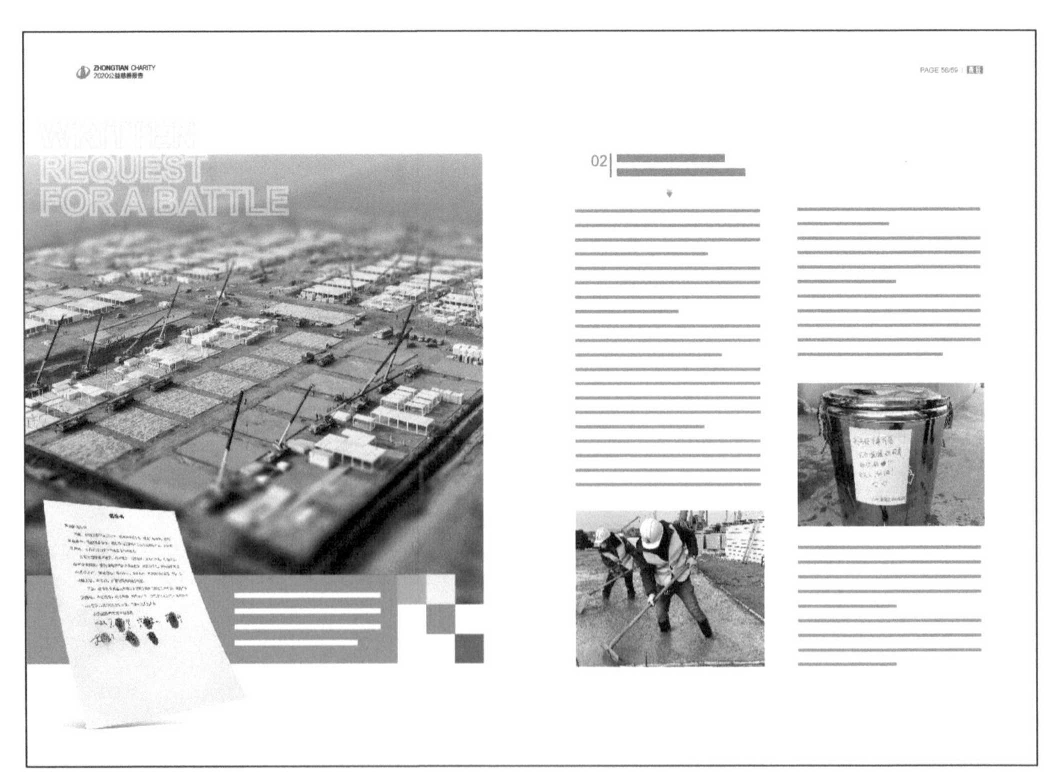

图 3-73　图片之间的相交

融合——将联系紧密的图片高度融合，成为你中有我、我中有你的共同体，呈现出一个“画中画”的视觉效果（图3-74）。

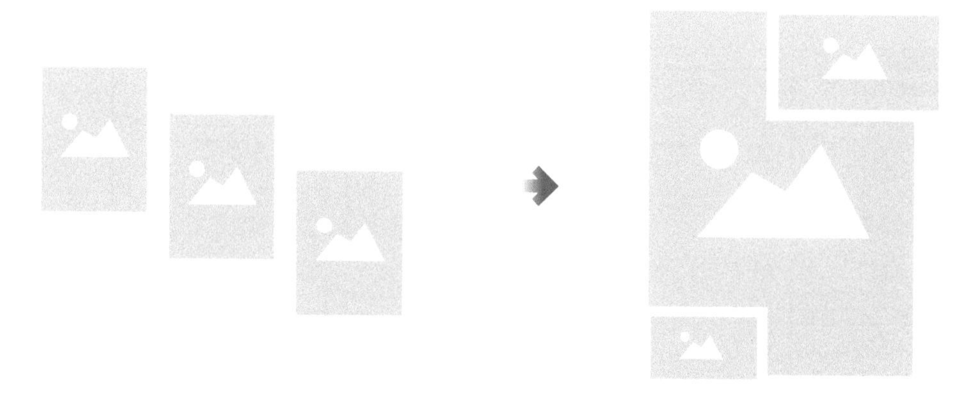

图3-74 图片之间的融合

D.图片的跨栏布局

初学者会按部就班地将图片约束在已设定好的分栏里，这样的处理会让版面显得刻意、呆板。如能根据视觉效果的实际需要，突出图片的重要性，利用跨栏布局让图片重获“自由”，可以有效提升视觉冲击力，使版面张弛有度，同时也为获得更多的编排样式提供了可能（图3-75）。

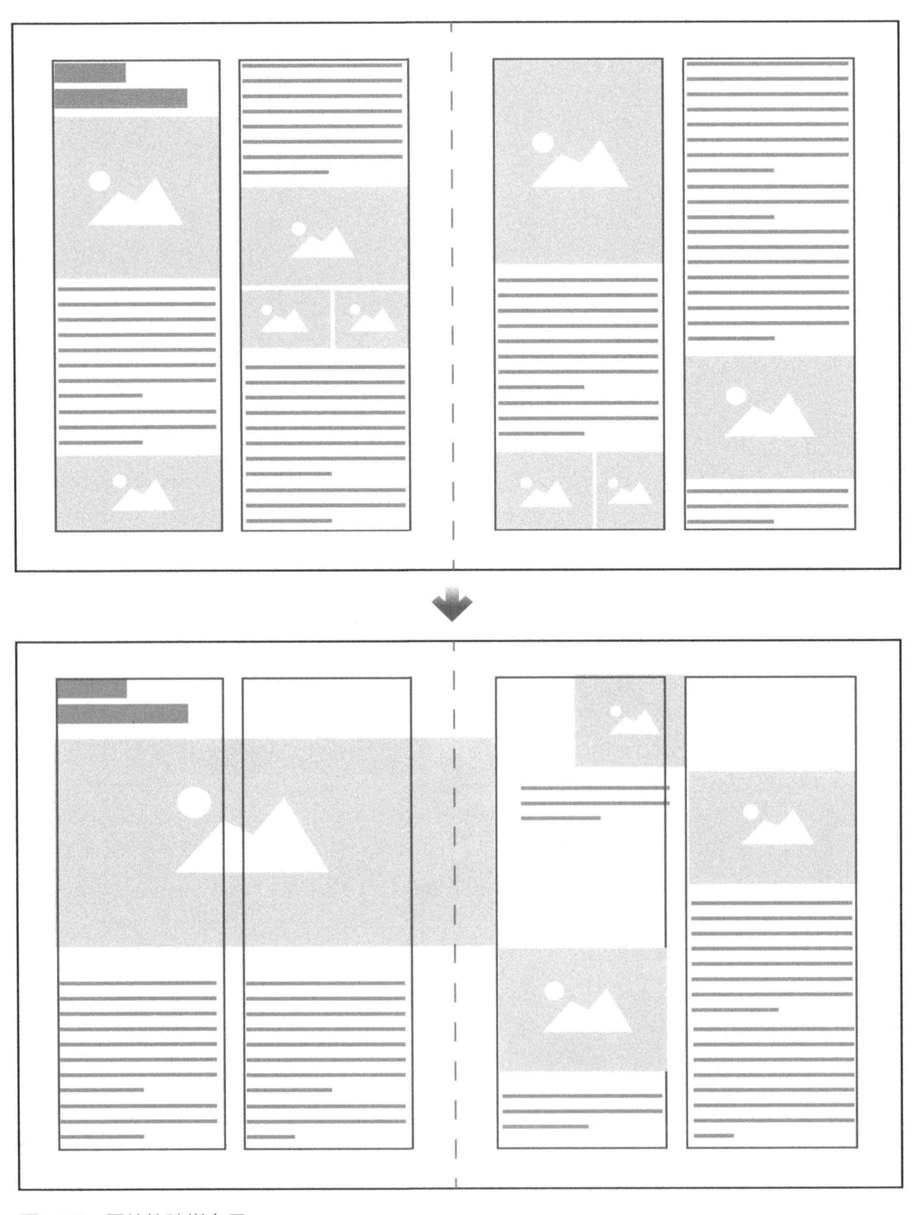

图3-75 图片的跨栏布局

E.图片的穿插布局

在编排中，过多的图片在版面中的穿插布局很容易把文字信息拆得“四分五裂”，设计师要注重图片与文字的关系，保证阅读的整体流畅性（图3-76）。

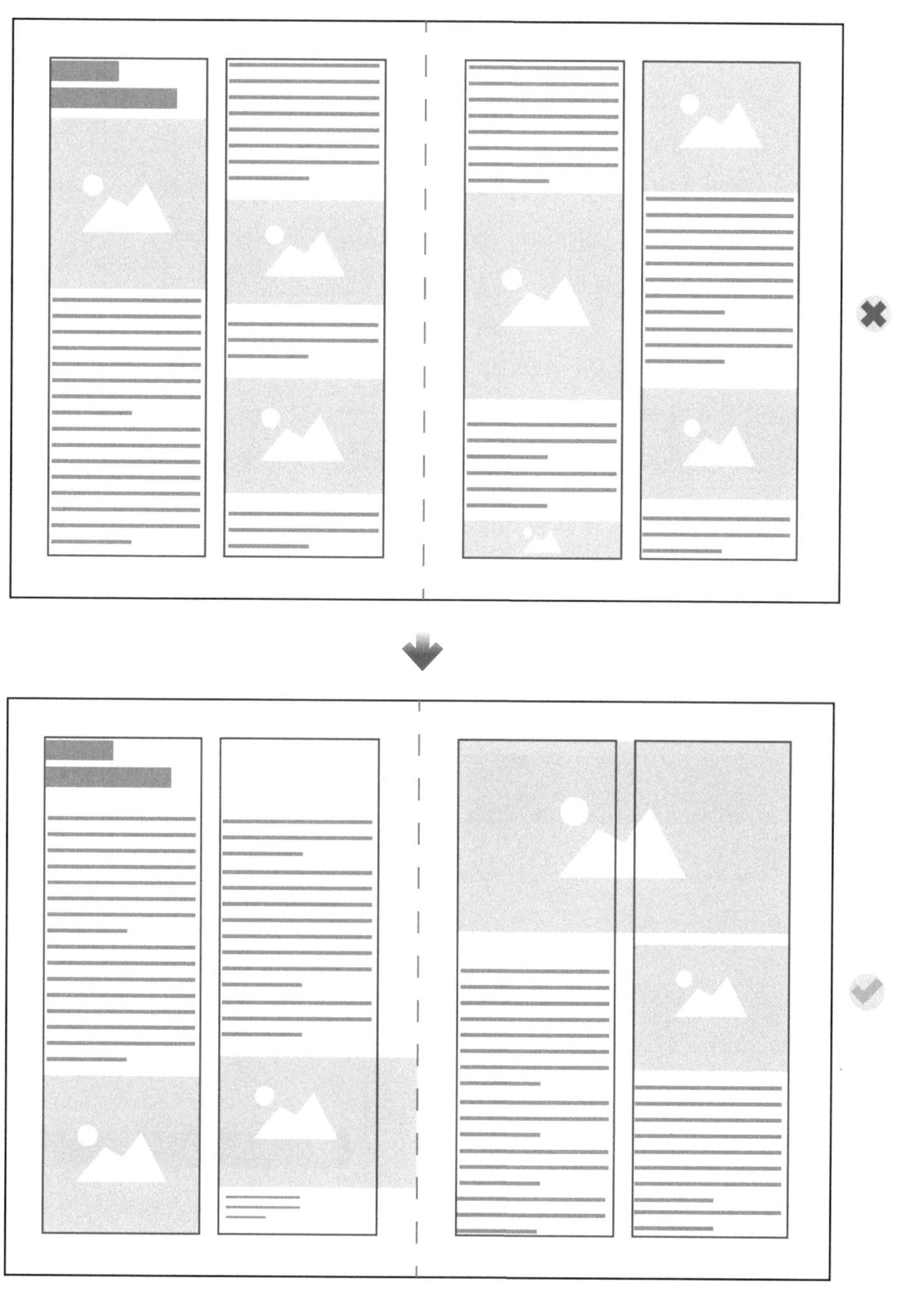

图3-76　图片的穿插布局

4.色彩规范

色彩是极具感染力的视觉语言，能够通过冷暖、明暗关系的变化营造出版面丰富的空间层次与格调，以最直接的方式冲击读者的视觉与内心，早已成为版式设计不可忽视的重要因素之一。

（1）色彩三要素

色相是指色彩自身呈现的色彩属性，是区别于其他色彩最准确的特征（图3-77）。

饱和度是指色彩的纯度，可以简单地理解为给有色成分做加减法。饱和度越大，有色成分就越大，会给人以更艳丽的感觉，反之就会显得暗淡（图3-78）。

明度是指色彩的明度与暗度，关系到色彩的深浅程度（图3-79）。

（2）色彩与心理

色彩诉说着人类的情感，直观地表达出人们内心复杂的感受（图3-80）。

不同色彩带给人的心理感受是有差异的，甚至同一种色彩在不同地域、文化等的影响下也被赋予了不同的内涵与意义。例如，红色在中国寓意着红红火火、喜庆、吉利，而在西方国家则被视为战争、暴力与血腥……对于色彩的编排应用，设计师不能完全按照自己的喜好来，而要在对色彩有充分理解的基础上，结合设计对象的主题内容来进行准确选择。

图3-77 色相

图3-78 饱和度

图3-79 明度（明度-100为黑色，100为白色）

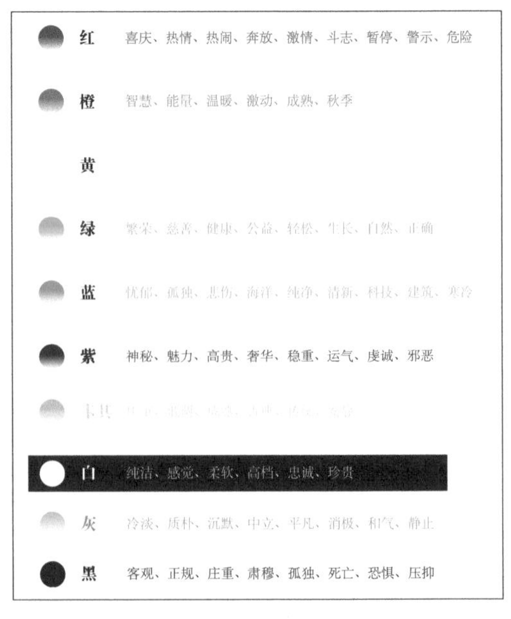

图3-80 色彩与心理

（3）色彩的功能

A.引导

人的眼睛总会在第一时间被鲜艳的色彩所吸引，特别是反差大的或对比强烈的色彩。视线会随着色彩的变化而移动，可见色彩具有一定的视觉引导作用（图3-81）。

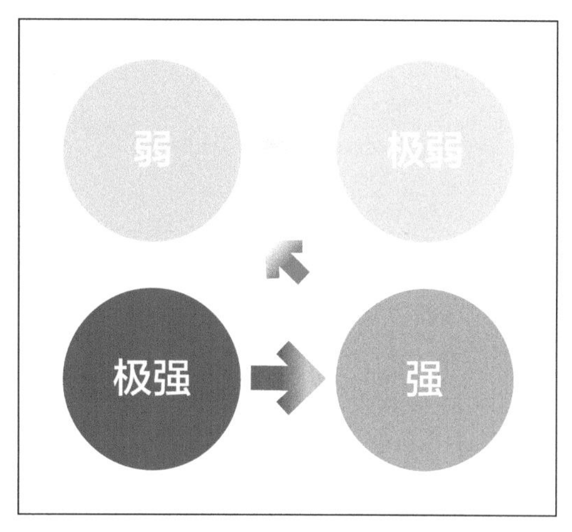

图3-81　色彩的视觉引导

B.强调

在文字中注入鲜艳的色彩，可有效区别不同视觉信息元素，起到突出、强调的作用（图3-82）。

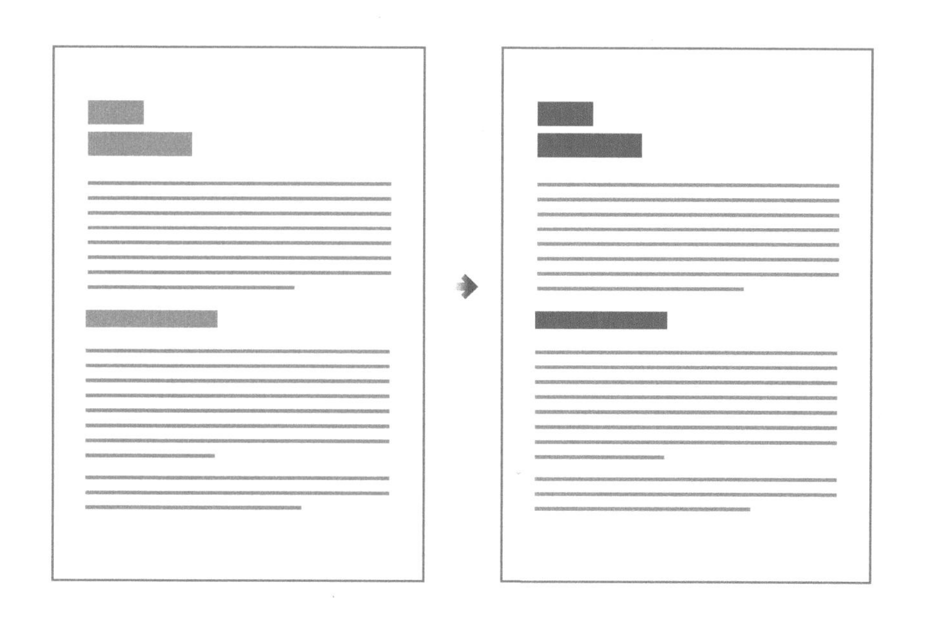

图3-82

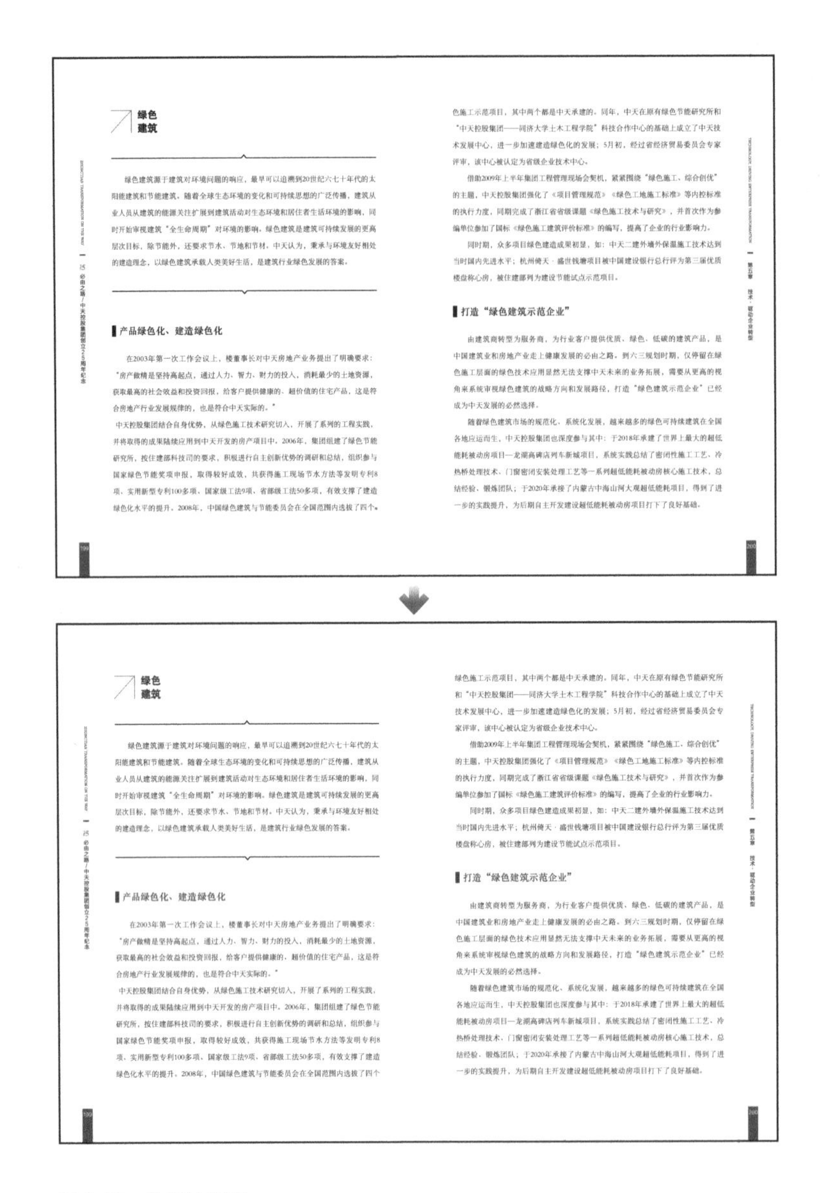

绿色
建筑

绿色建筑源于建筑对环境问题的响应，最早可以追溯到20世纪六七十年代的太阳能建筑和节能建筑。随着全球生态环境的变化和可持续思想的广泛传播，建筑从业人员从建筑的能源关注扩展到建筑活动对生态环境和居住者生活环境的影响，同时开始审视建筑"全生命周期"对环境的影响。绿色建筑是建筑可持续发展的更高层次目标，除节能外，还要求节水、节地和节材。中天认为，秉承与环境友好相处的建造理念，以绿色建筑承载人类美好生活，是建筑行业绿色发展的答案。

产品绿色化、建造绿色化

在2003年第一次工作会议上，楼董事长对中天房地产业务提出了明确要求："房产做精是坚持高起点，通过人力、智力、财力的投入，消耗最少的土地资源，获取最高的社会效益和投资回报，给客户提供健康的、超价值的住宅产品，这是符合房地产行业发展规律的，也是符合中天实际的。"

中天控股集团结合自身优势，从绿色施工技术研究切入，开展了系列的工程实践，并将取得的成果陆续应用到中天开发的房产项目中。2006年，集团组建了绿色节能研究所，按住建部科技司的要求，积极进行自主创新优势的调研和总结，组织参与国家绿色节能奖项申报，取得较好成效，共获得施工现场节水方法等发明专利8项、实用新型专利100多项、国家级工法9项、省部级工法50多项，有效支撑了建造绿色化水平的提升。2008年，中国绿色建筑与节能委员会在全国范围内选拔了四个绿色施工示范项目，其中两个都是中天承建的。同年，中天在原有绿色节能研究所和"中天控股集团——同济大学土木工程学院"科技合作中心的基础上成立了中天技术发展中心，进一步加速建造绿色化的发展；5月初，经过省经济贸易委员会专家评审，该中心被认定为省级企业技术中心。

借助2009年上半年集团工程管理现场会契机，紧紧围绕"绿色施工、综合创优"的主题，中天控股集团强化了《项目管理规范》《绿色工地施工标准》等内控标准的执行力度，同期完成了浙江省省级课题《绿色施工技术与研究》，并首次作为参编单位参加了国标《绿色施工建筑评价标准》的编写，提高了企业的行业影响力。

同时期，众多项目绿色建造成果初显，如：中天二建外墙外保温施工技术达到当时国内先进水平；杭州倚天·盛世钱塘项目被中国建设银行总行评为第三届优质楼盘称心房，被住建部列为建设节能试点示范项目。

打造"绿色建筑示范企业"

由建筑商转型为服务商，为行业客户提供优质、绿色、低碳的建筑产品，是中国建筑业和房地产业走上健康发展的必由之路。到六三规划时期，仅停留在绿色施工层面的绿色技术应用显然无法支撑中天未来的业务拓展，需要从更高的视角来系统审视绿色建筑的战略方向和发展路径，打造"绿色建筑示范企业"已经成为中天发展的必然选择。

随着绿色建筑市场的规范化、系统化发展，越来越多的绿色可持续建筑在全国各地应运而生，中天控股集团也深度参与其中：于2018年承建了世界上最大的超低能耗被动房项目—龙湖高碑店列车新城项目，系统实践总结了密闭性施工工艺、冷热桥处理技术、门窗密闭安装处理工艺等一系列超低能耗被动房核心施工技术，总结经验、锻炼团队；于2020年承接了内蒙古中海山河大观超低能耗项目，得到了进一步的实践提升，为后期自主开发建设超低能耗被动房项目打下了良好基础。

图 3-82　色彩的强调

C. 区分

利用色块来划分版面空间，主要目的是区分信息内容。

色块影响读者对信息重要程度的判断。例如将文字信息放置在色块上，视觉对比越强烈，读者越能感受到它的重要性（图3-83）。

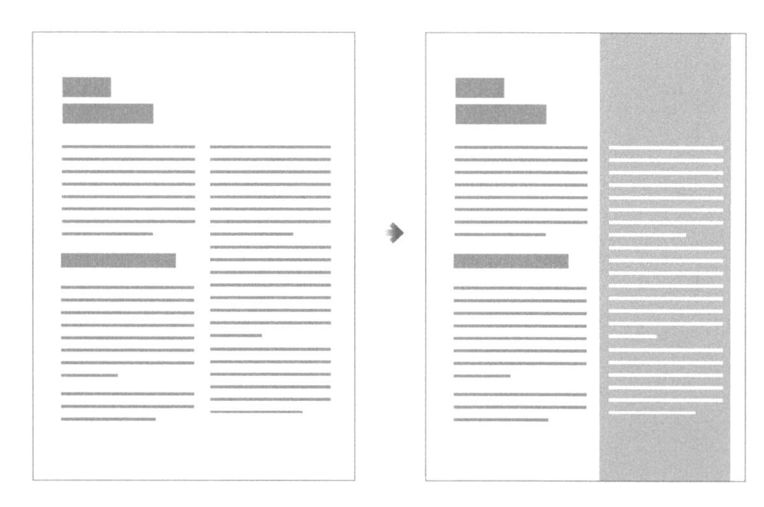

图 3-83　色彩的区分

D. 关联

提取图片中最具代表性的色彩作为文字的配色，建立和强调文本与图片之间的密切联系（图3-84）。

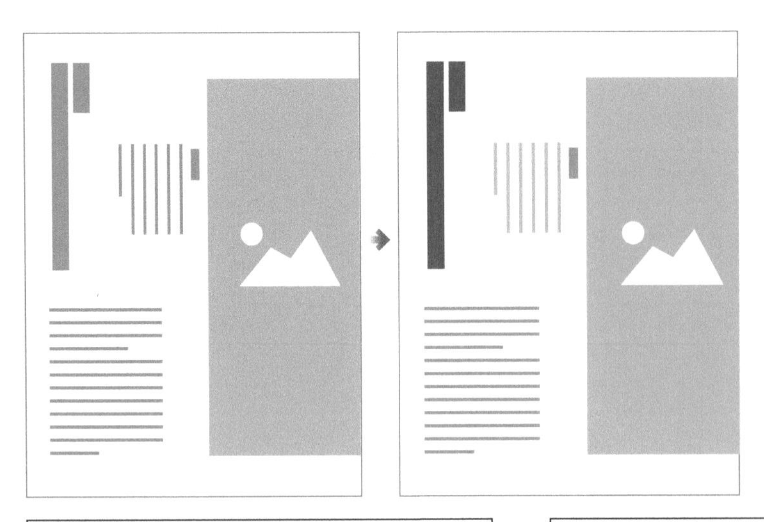

图 3-84 色彩的关联

（4）色彩的视觉连续

设计师应从全局出发，注重对整体与细节的把控，将拟定的配色方案应用于每个页面之中，保持版面色彩的视觉连续性，确保整个版面的统一、和谐，树立独特的风格形象，给读者留下深刻印象。

在实际编排中，可将已设计完成的版面放在一起审视，直观地检验全局的色彩基调是否统一、和谐（图3-85）。

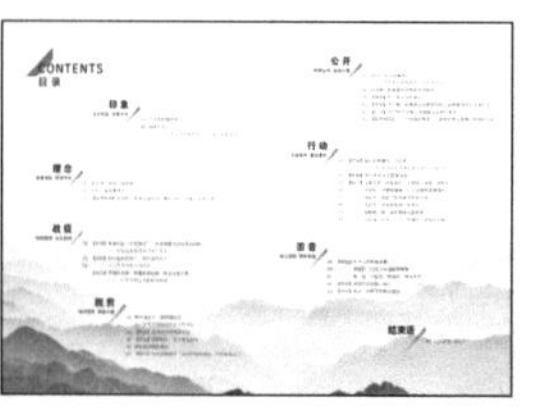

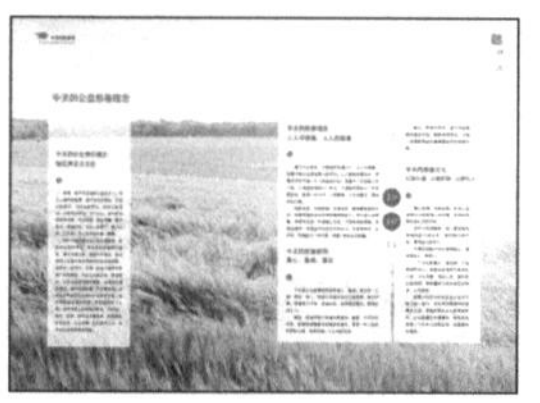

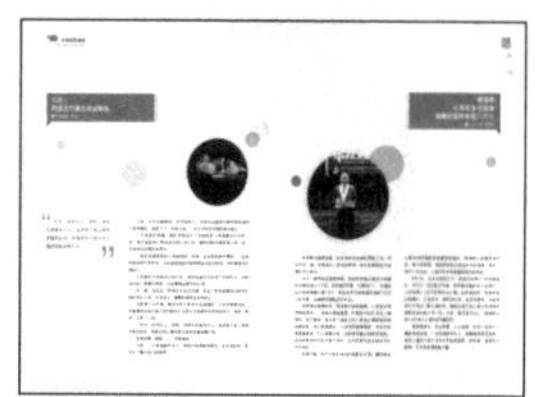

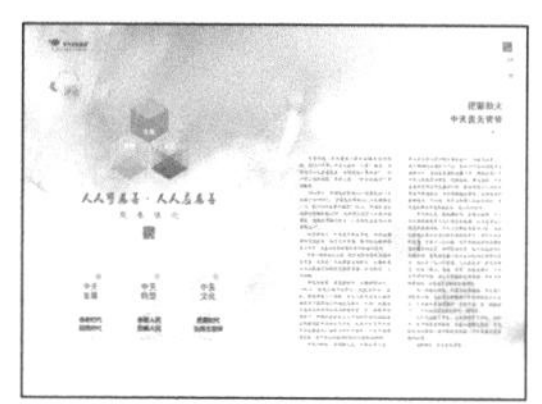

图3-85 检验全局的色彩基调

（5）色彩的对比

在编排设计中，要注重字体与背景之间的色彩搭配，不同的色彩对比会形成不同程度的视觉冲击，影响信息的传达。

绚丽缤纷的色彩在白色背景上的应用并不一定都会产生强烈的视觉对比效果，例如将浅色文字应用在白色背景上，因视觉对比不高反而会降低信息的识别度（图3-86）。同样，深色文字随着背景颜色的变化也会出现此类情况（图3-87）。

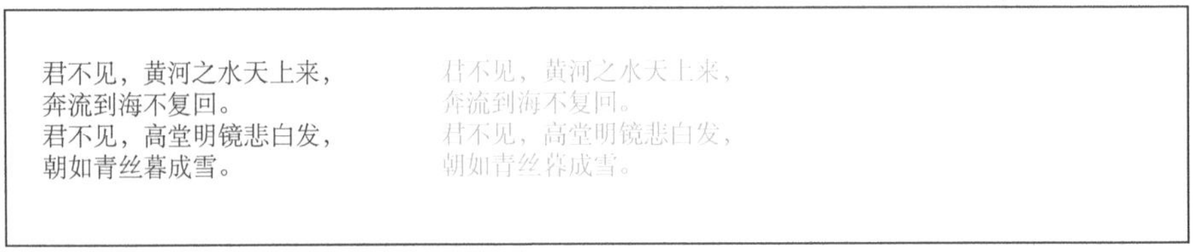

君不见，黄河之水天上来，
奔流到海不复回。
君不见，高堂明镜悲白发，
朝如青丝暮成雪。

君不见，黄河之水天上来，
奔流到海不复回。
君不见，高堂明镜悲白发，
朝如青丝暮成雪。

图 3-86 不同色彩的文字在白色背景上的应用

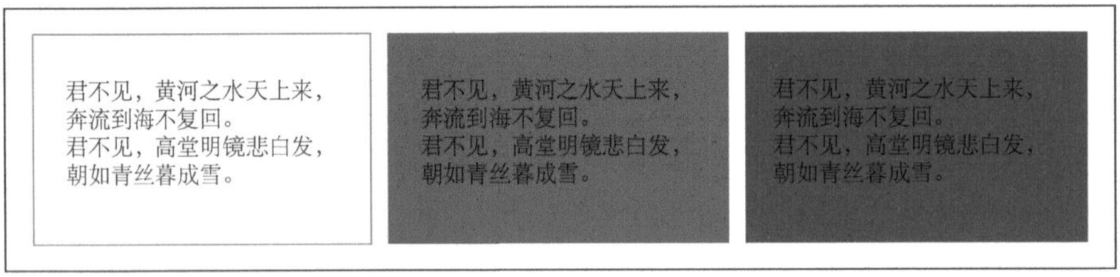

君不见，黄河之水天上来，
奔流到海不复回。
君不见，高堂明镜悲白发，
朝如青丝暮成雪。

君不见，黄河之水天上来，
奔流到海不复回。
君不见，高堂明镜悲白发，
朝如青丝暮成雪。

君不见，黄河之水天上来，
奔流到海不复回。
君不见，高堂明镜悲白发，
朝如青丝暮成雪。

图 3-87 黑色的文字在不同的色彩背景上的应用，颜色越深，文字的识别度越低

（6）色彩的搭配

色彩搭配其实是一门学问，优秀的配色能够给读者带来强烈的心理感受，达到情感上的共鸣，使人刻骨铭心。

色彩的本身是不存在高级与低级之分的，关键在于对色彩之间的搭配。画家凡·高曾说过："没有不好的色彩，只有不好的搭配。"色彩搭配要注重色彩之间的联系，以及它们之间的分离。通过不同色彩的相互映衬与作用，除了达到一种视觉平衡之外，观者还可以获得更多的附加信息，那就是情感与内涵。

合理的配色保证了色调的协调统一，使画面更具代入感。设计师需要依据主题内容来设定合适的色彩，建立起完整的配色方案，这是设计工作中最为重要的。常见的配色搭配有黑白灰、主色调与辅助色、相近色、互补色、三原色等搭配。

A. 黑白灰搭配

黑白灰虽不是彩色，却有助于在缤纷色彩之中营造出强烈的视觉对比，且永远都不会过时。它们之间若合理搭配，会丰富版面的视觉空间层次，提升其立体感，凸显出极简、高级之感，是一种完美的色彩搭配（图3-88）。

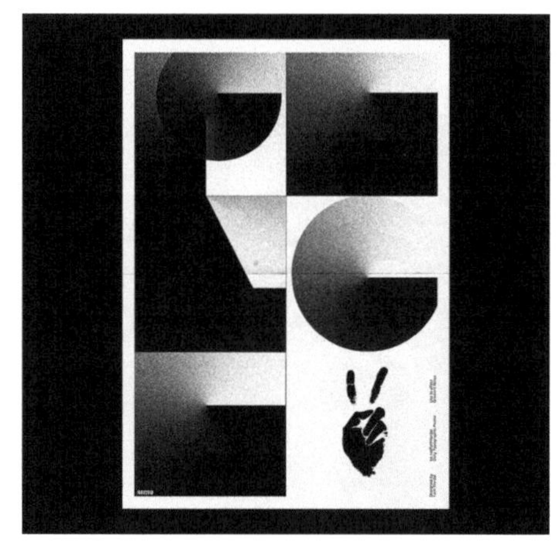

图 3-88　黑白海报设计 /Fabian Fohrer

B. 主色与辅色的搭配

主色与辅色的搭配可以有效地营造画面的主题设计风格，给观者留下深刻的视觉印象（图3-89）。

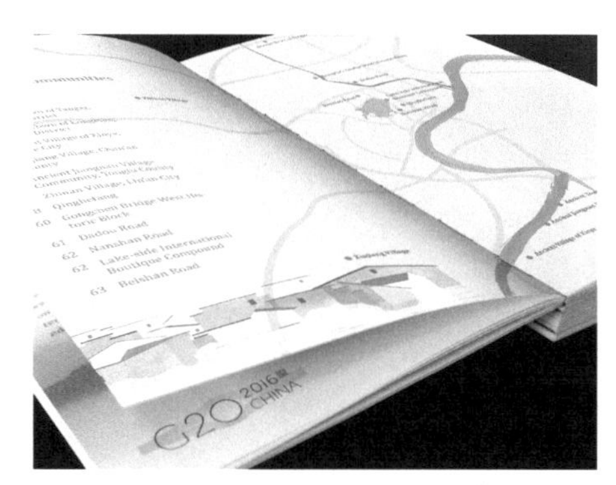

图 3-89　G20 · 韵味杭州 / 东道设计

C. 相近色搭配

为了让页面整体的色调高度和谐、统一，可利用色相接近的色彩进行搭配，营造出一种独特的格调（图3-90）。

文化产业基金年报2019　　前言

前言

2019 年是文化产业基金成立六周年。按过去五年收集的资助项目监察报告和听取业界的意见，并根据文化产业发展的新形势，2019 年，基金进行了以下的工作：

扩大评审专家团队	为确保评审的专业性及公平公正，2019 年，文化产业基金扩大项目评审专家名单，由过往的 7 名专家，扩展至 23 名由社会人士、企业家、学术界、金融界，以及在澳门及以外地区在文化产业领域中的专业人士，共同组成的专家团队。
推出专项资助计划	除常规资助，推出 9 项专项资助计划，以较精准的资助政策，引导文化产业发展方向。
组织多项交流活动	组织多项活动，并带同业界到广州、深圳、上海、北京参访参展，建立交流合作，提供对接的机会。
奖励规章	制订了《文化产业奖励规章》，鼓励文创企业、个人或团体在相关领域的持续发展，开发具潜力的文创项目和内容。
提供技术支援	2019 年 3 月底，基金根据第 4/2019 号行政法规《文化产业委员会》，负责向文化产业委员会提供技术支援工作。

2

图 3-90　文化产业基金年报画册设计 /Au Chon Hin

D. 互补色搭配

在版面中应用互补色，可以产生强烈的视觉对比，利用互补色的关系起到强调、装饰的作用，让观者在视觉心理上达到一种平衡（图3-91）。

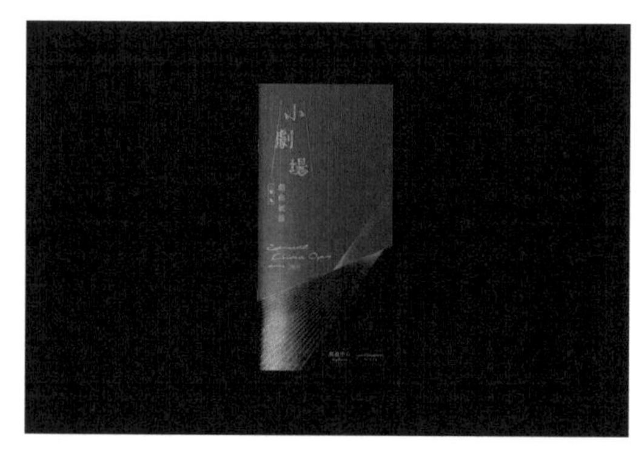

图 3-91 《小剧场》画册设计 /Tomorrow Design Office

E. 三原色搭配

这种搭配利用了三原色——红、黄、蓝。纯粹的色彩让作品富于节奏与活力（图3-92）。

图 3-92　德国 Witten/Herdecke 大学宣传册设计 / 佚名

四、视觉之美

我们平常所认为的美其实就是人的情感体验。人们在欣赏与享受美的过程中，获得满足、愉悦以及肯定的主观心理感受。对于版式设计而言，意在利用编排之美来创设美的情境，让版面更加凸显形式、意境与情感之美，从而吸引读者、打动读者。

1.距离之美

正所谓:“距离产生美。”这恰恰说明了距离与美之间存在着对立统一的关系。简单地说，人们需要保持适当的距离，才能感受到美，才能欣赏美、享受美。距离可以是时间、空间、心理或是情感上的距离。而对于版式设计来说，距离起到了至关重要的作用，通过改变信息元素之间的距离，可以形成视觉上的“抑扬顿挫”，让阅读充满活力，富有节奏，体现出设计的理性之美（图3-93）。

图 3-93　距离体现出设计的理性之美

在实际项目的编排中，距离的调整看似简单，实际上考验了设计师的基本能力——懂得产生距离的背后所蕴含的逻辑关系与审美趣味。例如在对诗词的编排上，设计师可以通过对内容的深入理解来调整空间距离，在视觉上创造出抑扬顿挫感，凸显诗歌的节奏与韵律，让读者更好地吟诵与记忆（图3-94）。

正文：宋体，字号：9pt

念奴娇·赤壁怀古

[宋] 苏轼

大江东去，浪淘尽，千古风流人物。故垒西边，人道是，三国周郎赤壁。乱石穿空，惊涛拍岸，卷起千堆雪。江山如画，一时多少豪杰。遥想公瑾当年，小乔初嫁了，雄姿英发。羽扇纶巾，谈笑间，樯橹灰飞烟灭。故国神游，多情应笑我，早生华发。人生如梦，一樽还酹江月。

字间距：10　行距：10pt

念奴娇·赤壁怀古

[宋] 苏轼

大江东去，浪淘尽，千古风流人物。

故垒西边，人道是，三国周郎赤壁。

乱石穿空，惊涛拍岸，卷起千堆雪。

江山如画，一时多少豪杰。

遥想公瑾当年，小乔初嫁了，雄姿英发。

羽扇纶巾，谈笑间，樯橹灰飞烟灭。

故国神游，多情应笑我，早生华发。

人生如梦，一樽还酹江月。

字间距：100　行距：20pt

图3-94　字距与行距

距离的微妙变化会影响版面的整体视觉设计与阅读体验。合适的距离会加强文本信息的传达与品质，有效改善阅读体验，可以让读者做到“一目十行”，激发阅读兴趣与思考。

当文字信息断行之后，由于字距与行距设置得较为紧凑，很容易影响阅览顺序，让读者产生不佳的阅读体验。适当地缩小字距，让行与行之间保持一定的距离空间，可以提高信息的辨识度，阅读也会自然而然地顺畅（图3-95）。

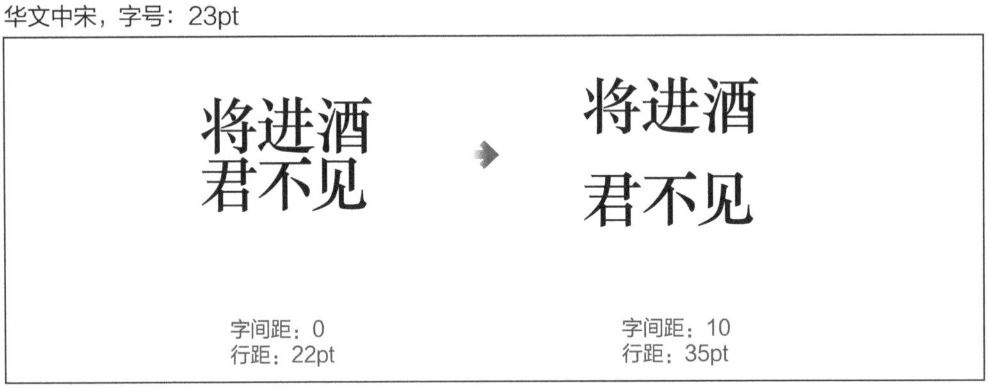

华文中宋，字号：23pt

将进酒
君不见

字间距：0
行距：22pt

将进酒
君不见

字间距：10
行距：35pt

图 3-95　标题行距的调整

正文信息有时也会遇到此类问题，这时可以对字间距、行间距以及段间距进行调整（图3-96）。

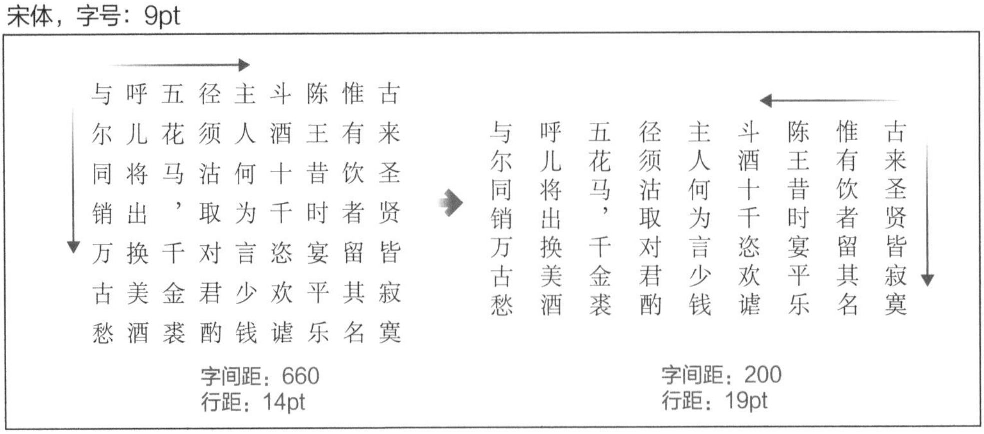

宋体，字号：9pt

古来圣贤皆寂寞
惟有饮者留其名
陈王昔时宴平乐
斗酒十千恣欢谑
主人何为言少钱
径须沽取对君酌
五花马，千金裘
呼儿将出换美酒
与尔同销万古愁

字间距：660
行距：14pt

古来圣贤皆寂寞
惟有饮者留其名
陈王昔时宴平乐
斗酒十千恣欢谑
主人何为言少钱
径须沽取对君酌
五花马，千金裘
呼儿将出换美酒
与尔同销万古愁

字间距：200
行距：19pt

图 3-96　竖排正文的距离调整

在编排中，距离大体分为字距、行距、段距以及栏距。不同的距离能够展现出不同的视觉效果与功能。

（1）字距

字距，也称为字间距，是文字与文字之间的距离。对于编排工作来说，字距的调整是最基础和最先要完成的任务。字距的设置对文章的阅读产生直接影响，若字间距过大，会使版面失去阅读的连贯性，过小则会加强信息的连接性，大大降低辨识度，而适当的字距则会让阅读变得轻松、自然。

以华文中宋为例，字间距设定在–20 ～ 10之间，视觉上较为得体。若距离大，视觉关系疏远，读者阅读节奏慢，印象模糊；若距离过小，视觉关系紧密，能加深读者印象；距离适中，视觉关系正常，适合阅读，清晰流畅（图3-97）。

华文中宋，字号：13pt

从 百 草 园 到 三 味 书 屋　　字间距：500

从百草园到三味书屋　　字间距：−180

从百草园到三味书屋　　字间距：0

华文中宋，字号：8pt

日照香炉生紫烟，遥看瀑布挂前川。飞流直下三千尺，疑是银河落九天。　　字间距：−100

日照香炉生紫烟，遥看瀑布挂前川。飞流直下三千尺，疑是银河落九天。　　字间距：10

日 照 香 炉 生 紫 烟 ， 遥 看 瀑 布 挂 前 川 。 飞 流 直 下 三 千 尺 ， 疑 是 银 河 落 九 天 。　　字间距：200

图3-97　标题、正文字距的变化

同样，字体、字号与字距也有着紧密的联系。如图3-98所示，不同字体存在着自身结构的差异，即便字号相同，所占的空间也有很大差别。

字间距为0

日照香炉生紫烟，遥看瀑布挂前川。飞流直下三千尺，疑是银河落九天。 9pt 宋体

日照香炉生紫烟，遥看瀑布挂前川。飞流直下三千尺，疑是银河落九天。 9pt 华文中黑

日照香炉生紫烟，遥看瀑布挂前川。飞流直下三千尺，疑是银河落九天。 9pt 瘦金体

图3-98 不同字体、同字号文字字距的变化

（2）行距

行距是指段落中行与行之间的疏密程度。不同的行距会使文章段落形成不同密度的“面”。这些“面”随着行距的变化呈现出深浅不一的视觉效果。适当的行距能够有效地引导读者阅览。行距太近或太远都会影响阅读的流畅性（图3-99）。

（3）段距

段距是指文章中的段落之间的距离。

若段落与段落之间的距离过大会造成上下内容的衔接不当，破坏文章的整体性与逻辑性（图3-100）。

宋体，字号：7pt

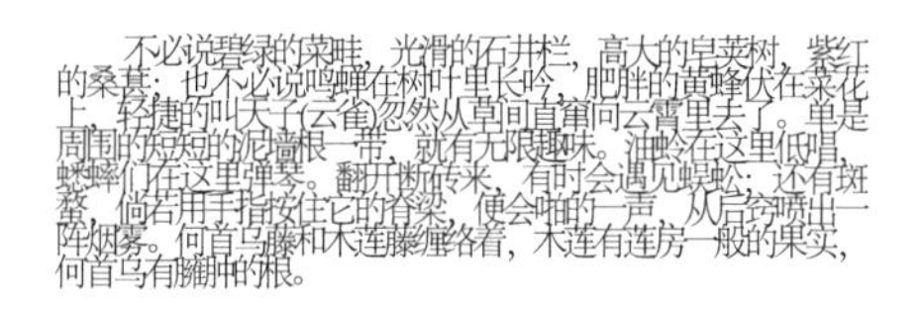

字间距：−180
行距：6pt

不必说碧绿的菜畦，光滑的石井栏，高大的皂荚树，紫红的桑葚；也不必说鸣蝉在树叶里长吟，肥胖的黄蜂伏在菜花上，轻捷的叫天子(云雀)忽然从草间直窜向云霄里去了。单是周围的短短的泥墙根一带，就有无限趣味。油蛉在这里低唱，蟋蟀们在这里弹琴。翻开断砖来，有时会遇见蜈蚣；还有斑蝥，倘若用手指按住它的脊梁，便会啪的一声，从后窍喷出一阵烟雾。何首乌藤和木莲藤缠络着，木莲有莲房一般的果实，何首乌有臃肿的根。

字间距：0
行距：12pt

不 必 说 碧 绿 的 菜 畦 ， 光 滑 的 石 井 栏 ， 高 大 的 皂 荚 树 ， 紫 红 的 桑 葚 ； 也 不 必 说 鸣 蝉 在 树 叶 里 长 吟 ， 肥 胖 的 黄 蜂 伏 在 菜 花 上 ， 轻 捷 的 叫 天 子 （ 云 雀 ） 忽 然 从 草 间 直 窜 向 云 霄 里 去 了 。 单 是 周 围 的 短 短 的 泥 墙 根 一 带 ， 就 有 无 限 趣 味 。 油 蛉 在 这 里 低 唱 ， 蟋 蟀 们 在 这 里 弹 琴 。 翻 开 断 砖 来 ， 有 时 会 遇 见 蜈 蚣 ； 还 有 斑 蝥 ， 倘 若 用 手 指 按 住 它 的 脊 梁 ， 便 会 啪 的 一 声 ， 从 后 窍 喷 出 一 阵 烟 雾 。 何 首 乌 藤 和 木 莲 藤 缠 络 着 ， 木 莲 有 莲 房 一 般 的 果 实 ， 何 首 乌 有 臃 肿 的 根 。

字间距：500
行距：16pt

图 3-99　不同字距与行距对阅读流畅性的影响

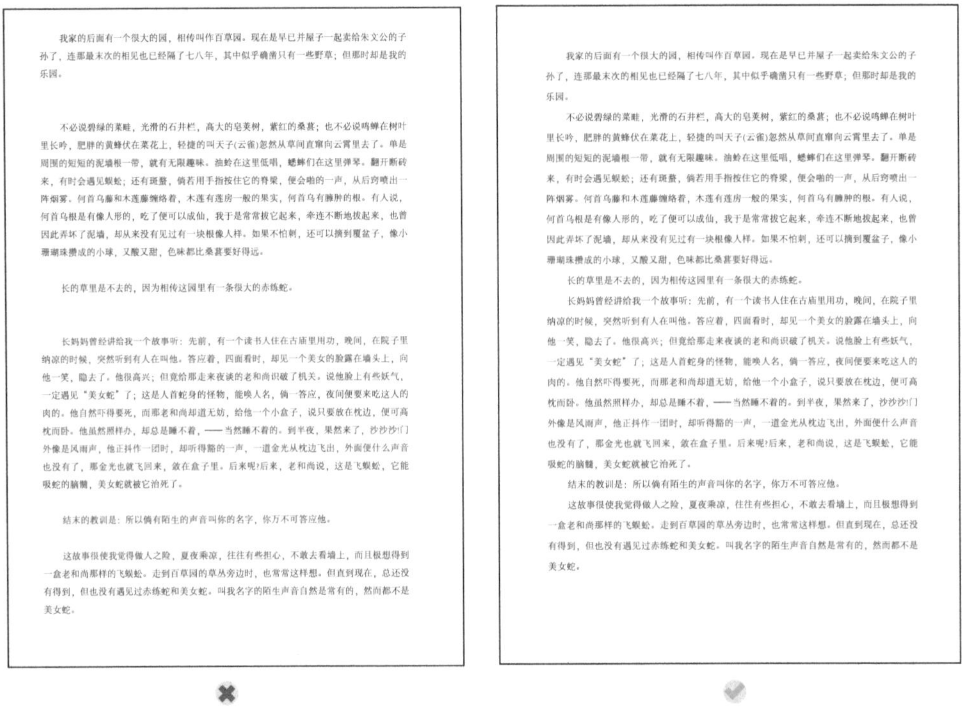

我家的后面有一个很大的园，相传叫作百草园。现在是早已并屋子一起卖给朱文公的子孙了，连那最末次的相见也已经隔了七八年，其中似乎确凿只有一些野草；但那时却是我的乐园。

不必说碧绿的菜畦，光滑的石井栏，高大的皂荚树，紫红的桑葚；也不必说鸣蝉在树叶里长吟，肥胖的黄蜂伏在菜花上，轻捷的叫天子(云雀)忽然从草间直窜向云霄里去了。单是周围的短短的泥墙根一带，就有无限趣味。油蛉在这里低唱，蟋蟀们在这里弹琴。翻开断砖来，有时会遇见蜈蚣；还有斑蝥，倘若用手指按住它的脊梁，便会啪的一声，从后窍喷出一阵烟雾。何首乌藤和木莲藤缠络着，木莲有莲房一般的果实，何首乌有臃肿的根。有人说，何首乌根是有像人形的，吃了便可以成仙，我于是常常拔它起来，牵连不断地拔起来，也曾因此弄坏了泥墙，却从来没有见过有一块根像人样。如果不怕刺，还可以摘到覆盆子，像小珊瑚珠攒成的小球，又酸又甜，色味都比桑葚要好得远。

长的草里是不去的，因为相传这园里有一条很大的赤练蛇。

长妈妈曾经讲给我一个故事听：先前，有一个读书人住在古庙里用功，晚间，在院子里纳凉的时候，突然听到有人在叫他。答应着，四面看时，却见一个美女的脸露在墙头上，向他一笑，隐去了。他很高兴；但竟给那走来夜谈的老和尚识破了机关。说他脸上有些妖气，一定遇见"美女蛇"了；这是人首蛇身的怪物，能唤人名，倘一答应，夜间便要来吃这人的肉的。他自然吓得要死，而那老和尚却道无妨，给他一个小盒子，说只要放在枕边，便可高枕而卧。他虽然照样办，却总是睡不着，——当然睡不着的。到半夜，果然来了，沙沙沙!门外像是风雨声，他正抖作一团时，却听得豁的一声，一道金光从枕边飞出，外面便什么声音也没有了，那金光也就飞回来，敛在盒子里。后来呢?后来，老和尚说，这是飞蜈蚣，它能吸蛇的脑髓，美女蛇就被它治死了。

结末的教训是：所以倘有陌生的声音叫你的名字，你万不可答应他。

这故事很使我觉得做人之险，夏夜乘凉，往往有些担心，不敢去看墙上，而且极想得到一盒老和尚那样的飞蜈蚣。走到百草园的草丛旁边时，也常常这样想。但直到现在，总还没有得到，但也没有遇见过赤练蛇和美女蛇。叫我名字的陌生声音自然是常有的，然而都不是美女蛇。

我家的后面有一个很大的园，相传叫作百草园。现在是早已并屋子一起卖给朱文公的子孙了，连那最末次的相见也已经隔了七八年，其中似乎确凿只有一些野草；但那时却是我的乐园。

不必说碧绿的菜畦，光滑的石井栏，高大的皂荚树，紫红的桑葚；也不必说鸣蝉在树叶里长吟，肥胖的黄蜂伏在菜花上，轻捷的叫天子(云雀)忽然从草间直窜向云霄里去了。单是周围的短短的泥墙根一带，就有无限趣味。油蛉在这里低唱，蟋蟀们在这里弹琴。翻开断砖来，有时会遇见蜈蚣；还有斑蝥，倘若用手指按住它的脊梁，便会啪的一声，从后窍喷出一阵烟雾。何首乌藤和木莲藤缠络着，木莲有莲房一般的果实，何首乌有臃肿的根。有人说，何首乌根是有像人形的，吃了便可以成仙，我于是常常拔它起来，牵连不断地拔起来，也曾因此弄坏了泥墙，却从来没有见过有一块根像人样。如果不怕刺，还可以摘到覆盆子，像小珊瑚珠攒成的小球，又酸又甜，色味都比桑葚要好得远。

长的草里是不去的，因为相传这园里有一条很大的赤练蛇。

长妈妈曾经讲给我一个故事听：先前，有一个读书人住在古庙里用功，晚间，在院子里纳凉的时候，突然听到有人在叫他。答应着，四面看时，却见一个美女的脸露在墙头上，向他一笑，隐去了。他很高兴；但竟给那走来夜谈的老和尚识破了机关。说他脸上有些妖气，一定遇见"美女蛇"了；这是人首蛇身的怪物，能唤人名，倘一答应，夜间便要来吃这人的肉的。他自然吓得要死，而那老和尚却道无妨，给他一个小盒子，说只要放在枕边，便可高枕而卧。他虽然照样办，却总是睡不着，——当然睡不着的。到半夜，果然来了，沙沙沙!门外像是风雨声，他正抖作一团时，却听得豁的一声，一道金光从枕边飞出，外面便什么声音也没有了，那金光也就飞回来，敛在盒子里。后来呢?后来，老和尚说，这是飞蜈蚣，它能吸蛇的脑髓，美女蛇就被它治死了。

结末的教训是：所以倘有陌生的声音叫你的名字，你万不可答应他。

这故事很使我觉得做人之险，夏夜乘凉，往往有些担心，不敢去看墙上，而且极想得到一盒老和尚那样的飞蜈蚣。走到百草园的草丛旁边时，也常常这样想。但直到现在，总还没有得到，但也没有遇见过赤练蛇和美女蛇。叫我名字的陌生声音自然是常有的，然而都不是美女蛇。

图 3-100　不同段距的文章展示效果

（4）栏距

栏距，也称为栏间距，是指栏与栏之间的距离。

在编排中，对于栏距的设置还需要根据实际版面的具体需求来确定。一般情况下，各距离之间关系是"页边距＞栏距＞字距与行距"，如果栏距大于页边距，不仅会使文本与文本之间产生隔阂，而且会造成不佳的版面效果（图3-101）。

2.比例之美

比例一词，从艺术的角度看，被定义为形的整体与部分或部分与部分之间数量的一种比重，用于反映总体的构成或结构。

在编排中，赋予视觉元素之间一定比例关系，可以创造出清晰的视觉层次与张力，使版面达到平衡与和谐，满足读者的视觉与心理需求。优秀的版式作品不论是在尺寸、色彩上，还是空间布局上，信息元素之间都保持着和谐的比例关

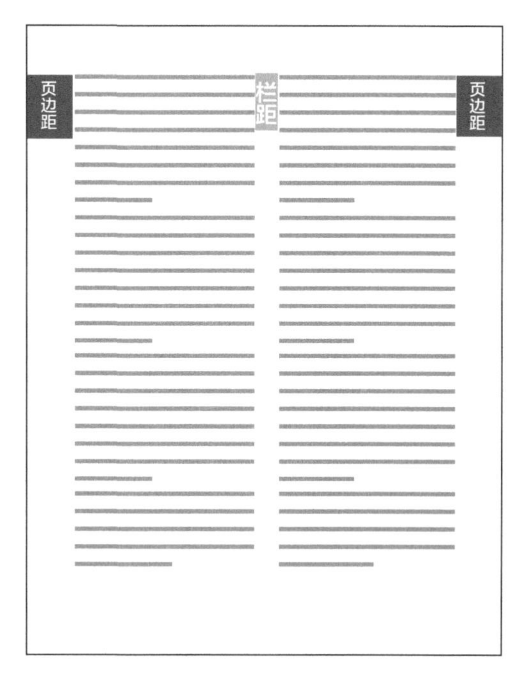

近年来，抹灰石膏逐渐被市场所认可，而抹灰石膏原料的选择和适当的骨料配比都是直接影响产品质量的主要原因。

砂是生产抹灰石膏的主要原料之一，在抹灰石膏中对建筑用砂的需求量和使用量都很大，天然砂的需求占了绝大多数，但它们分布极不均匀，加之近年来的大量开采，天然砂资源已相当匮乏。另我国对环境保护要求越来越高，很多地区已禁止挖采天然砂，这使砂的供需矛盾日益突出，形势所迫寻找替代天然砂资源已势在必行。就地取材，充分合理利用当地资源将一些尾矿砂，矿渣，煤矸石、钢渣等工业固体废弃物替代天然砂。这样既利废又环保，还可取得较好的经济效益和社会效益，因此要根据不同地区、不同砂源条件、不同骨料在抹灰石膏砂浆的应用中分别了解和处理。

天然砂在抹灰石膏中的作用和性能影响

天然砂具有光滑的表面，大多呈圆形，在配置抹灰石膏过程中用较低的石膏用量及拌合水就可满足需要，级配合理的天然砂，无疑是生产抹灰石膏较为理想的骨料。

在建筑用砂中一般细度模数在3.7-3.0范围内为粗砂、3.0-2.0范围内为中砂、2.0-1.0范围内为细砂、1.0-0.1范围内为特细砂。抹灰石膏一般使用中砂与细砂、特细砂相级配，大量中砂构成骨架，少量细砂填充较大的空隙，特细砂填充小的空隙，石膏浆均匀包裹，并粘结沙粒，形成一个比较密实的体系。天然砂中的泥，对抹灰石膏砂浆是有害的，必须严格控制其含量。因泥是颗粒很细的非活性物质，他会吸附大量的水分，使石膏浆料与集料之间的界面粘结性变差，另他所吸附的水是自由水，易挥发，会造成抹灰石膏保水性差而易开裂。

特细砂对抹灰石膏配置的影响

目前建筑用中细砂资源越来越少，有的地区因地理位置与气候条件的因果关系，大量生成特细砂的存在，将特细砂用于抹灰石膏的配置中要明显影响抹灰石膏浆料和易性和硬化体强度。特细砂颗粒细，比表面积大，用其配制抹灰石膏时砂率含量要低，其原因是特细砂颗粒级配较差，含泥量超标，使用水量增大且易泌水，对胶凝材料及外加剂用量要提高。而特细砂比例增大时抹灰石膏泥浆粘聚性能加大，流动性、施工性变差，增大了收缩开裂的风险，在与中砂级配使用时特细砂占砂率的20%-30%为佳。

人工机制砂对抹灰石膏配制的影响

机制砂由于自身的特点，如级配较差，颗粒形态不好使配制的抹灰石膏和易性差，需水量和胶凝材料用量增多，拌制的抹灰石膏泥浆易开裂等。机制砂生产矿源，加工设备和工艺不同，生产出的机制砂粒性状和级配都会有很大的区别，根据机制砂的不同，配制抹灰石膏时都要做适当的配比调整。

机制砂级配合适时，对抹灰石膏的强度好，但施工性不如天然砂，机制砂大小不同的颗粒互相搭配，相互填充空隙，一般都含有5%-15%左右的石粉。石粉是与母岩完全相同的材料，机制砂中适量的石粉含量是有益的。

延伸阅读
不同骨料
在抹灰石膏砂浆中的应用技术
近年来，抹灰石膏逐渐被市场所认可，而抹灰石膏原料的选择和适当的骨料配比都是直接影响产品质量的主要原因。
砂是生产抹灰石膏的主要原料之一，在抹灰石膏中对建筑用砂的需求量和使用量都很大，天然砂的需求占了绝大多数，但它们分布极不均匀，加之近年来的大量开采，天然砂资源已相当匮乏。另我国对环境保护要求越来越高，很多地区已禁止挖采天然砂，这使砂的供需矛盾日益突出，形势所迫寻找替代天然砂资源已势在必行。就地取材，充分合理利用当地资源将一些尾矿砂，矿渣，煤矸石、钢渣等工业固体废弃物替代天然砂。这样既利废又环保，还可取得较好的经济效益和社会效益，因此要根据不同地区、不同砂源条件、不同骨料在抹灰石膏砂浆的应用中分别了解和处理。
天然砂在抹灰石膏中的作用和性能影响
天然砂具有光滑的表面，大多呈圆形，在配置抹灰石膏过程中用较低的石膏用量及拌合水就可满足需要，级配合理的天然砂，无疑是生产抹灰石膏较为理想的骨料。
在建筑用砂中一般细度模数在3.7-3.0范围内为粗砂、3.0-2.0范围内为中砂、2.0-1.0范围内为细砂、1.0-0.1范围内为特细砂。抹灰石膏一般使用中砂与细砂、特细砂相级配，大量中砂构成骨架，少量细砂填充较大的空隙，特细砂填充小的空隙，石膏浆均匀包裹，并粘结沙粒，形成一个比较密实的体系。天然砂中的泥，对抹灰石膏砂浆是有害的，必须严格控制其含量。因泥是颗粒很细的非活性物质，他会吸附大量的水分，使石膏浆料与集料之间的界面粘结性变差，另他所吸附的水是自由水，易挥发，会造成抹灰石膏保水性差而易开裂。
特细砂对抹灰石膏配置的影响
目前建筑用中细砂资源越来越少，有的地区因地理位置与气候条件的因果关系，大量生成特细砂的存在，将特细砂用于抹灰石膏的配置中要明显影响抹灰石膏浆料和易性和硬化体强度。特细砂颗粒细，比表面积大，用其配制抹灰石膏时砂率含量要低，其原因是特细砂颗粒级配较差，含泥量超标，使用水量增大且易泌水，对胶凝材料及外加剂用量要提高。而特细砂比例增大时抹灰石膏泥浆粘聚性能加大，流动性、施工性变差，增大了收缩开裂的风险，在与中砂级配使用时特细砂占砂率的20%-30%为佳。
人工机制砂对抹灰石膏配制的影响
机制砂由于自身的特点，如级配较差，颗粒形态不好使配制的抹灰石膏和易性差，需水量和胶凝材料用量增多，拌制的抹灰石膏泥浆易开裂等。机制砂生产矿源，加工设备和工艺不同，生产出的机制砂粒性状和级配都会有很大的区别，根据机制砂的不同，配制抹灰石膏时都要做适当的配比调整。
机制砂级配合适时，对抹灰石膏的强度好，但施工性不如天然砂，机制砂大小不同的颗粒互相搭配，相互填充空隙，一般都含有5%-15%左右的石粉。石粉是与母岩完全相同的材料，机制砂中适量的石粉含量是有益的。

图 3-101　不同栏距营造的不同版面效果

系，使版面的主题信息一目了然，实现高效传达。常见的比例有三分法比例、黄金比例、等差数列、等比数列等。

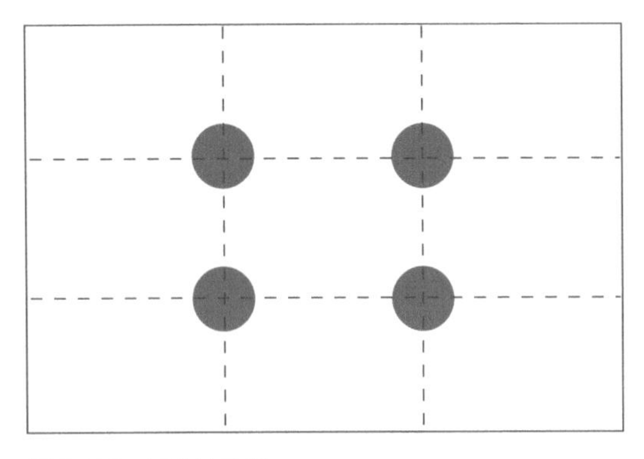

图 3-102　三分法比例

（1）三分法比例

三分法是利用纵横交错的线条将画面分割成均等的九宫格结构，同时线条之间相交产生了四个视觉交点（图3-102）。将重要信息对象安排在某一交点或分界线区域，可以有效吸引观者的注意力，提升画面的空间感，达到一种视觉上的平衡。

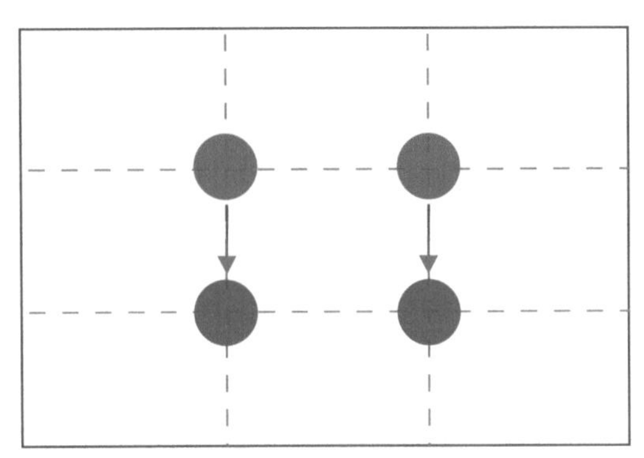

A. 上下

将最具有吸引力的信息放置在版面上方，建立起由上而下的视觉浏览顺序，让理解变得轻松（图3-103）。

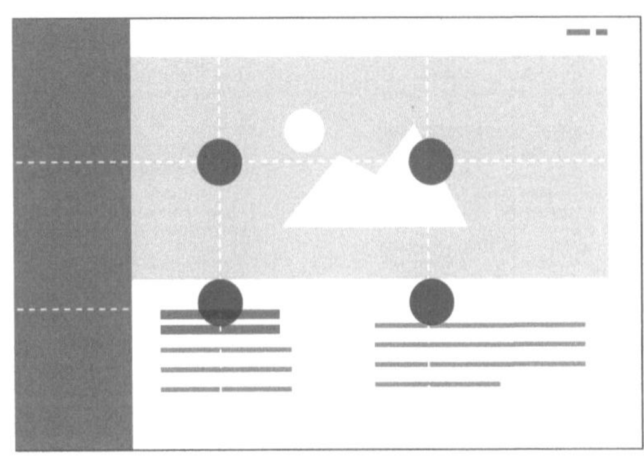

图 3-103　三分法——上下

B. 左右

左图右字——将主要图片与文字信息分别放置在画面的左侧和右侧焦点区域，使画面产生从左向右的浏览空间顺序，顺应读者的视觉心理习惯，让阅读变得轻松、流畅（图3-104）。

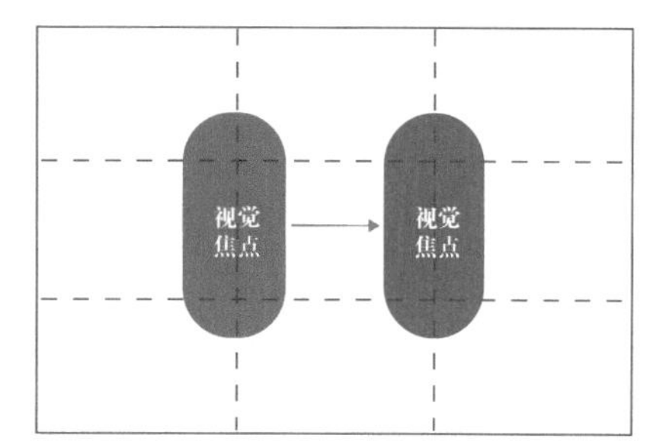

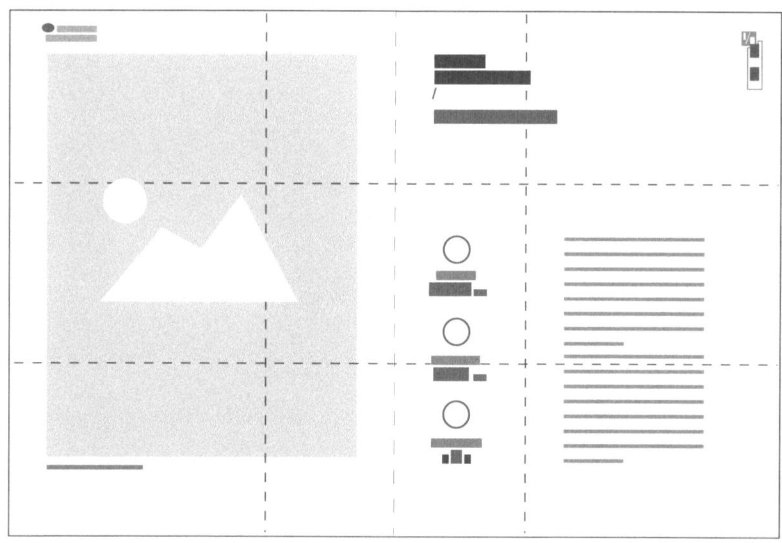

图3-104 三分法——左图右字

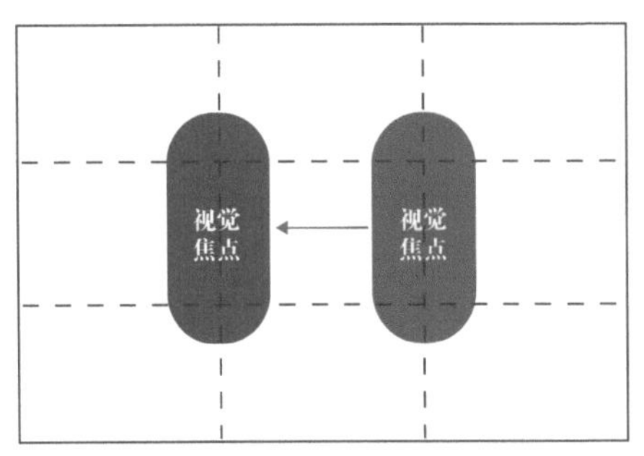

左字右图——将主要图片与文字信息分别放置在画面的右侧和左侧焦点区域，颠覆正常的浏览空间顺序，加深读者的印象（图3-105）。

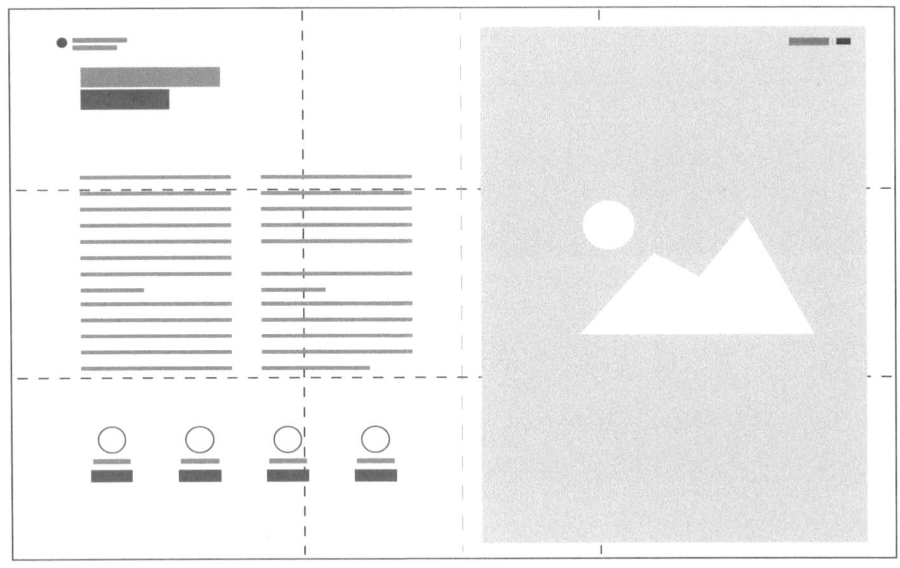

图3-105　三分法——左字右图

C.对角线

将信息沿着画面中的对角线方向编排，营造出时尚、动感的视觉效果（图3-106）。

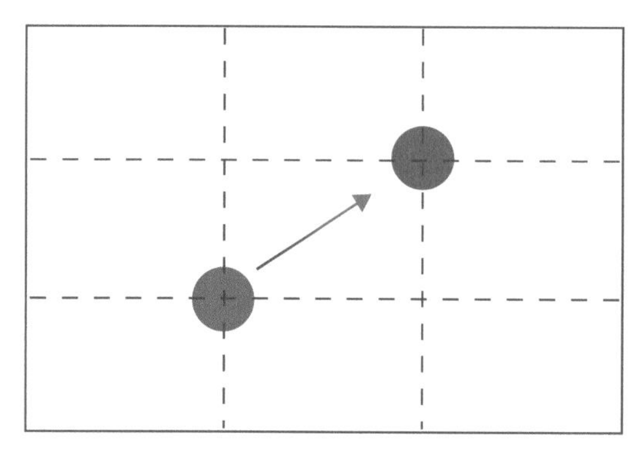

图3-106 三分法比例——对角线

（2）黄金比例

1 ∶ 0.618是被公认为最具有视觉审美意义的比例，就是我们常说的黄金比例（图3-107）。黄金比例的定义是把一条线段分割为两部分，较短部分与较长部分的长度之比等于较长部分与整体长度之比，其比值是一个无理数，取其小数点后前三位数字的近似值是0.618。与其他形式的比例相比，黄金比例显得自然、和谐，多应用在绘画、海报设计、标志设计、建筑设计等领域。

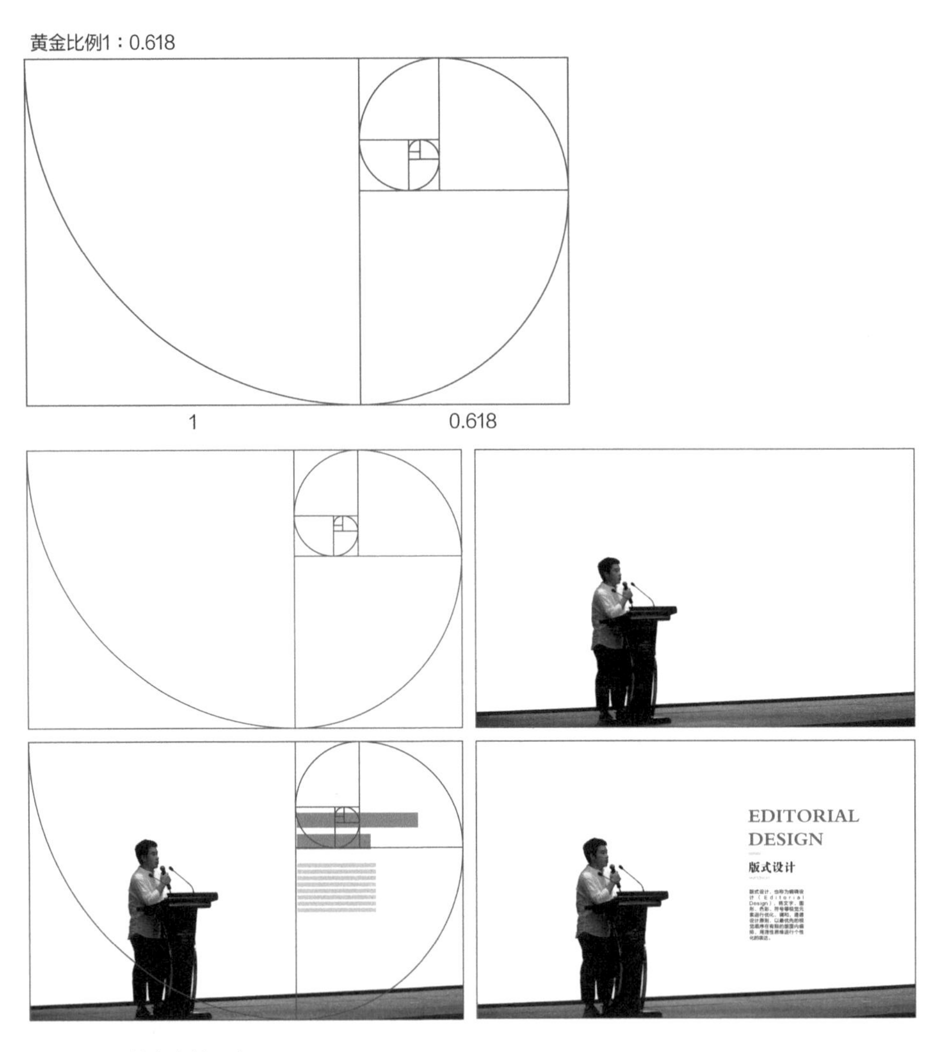

图 3-107　黄金比例及应用

3. 秩序之美

秩序，在《辞海》中的解释为，“指人或事物所在的位置，含有整齐守规则之意”。可简单地理解为，依照一定的规律、规则或规范，使全局平稳有序地运作，始终保持着一种统一、连续以及确定的状态，与“无序”相对立。

编排设计中的秩序是将各视觉元素进行有规律地组合，强调内容信息之间的逻辑关系，从而构建出版面的秩序之美，形成一个井然有序、统一的视觉效果。特别是对网格系统来说，它有效强调了版面的比例与秩序，成为设计师编排的辅助手段并被广泛应用。

（1）网格系统

20世纪中叶，瑞士平面大师Josef Müller-Brockmann（约瑟夫·米勒-布罗克曼），以网格为设计基础，将文字、图片等视觉元素以规范、系统的标准来进行编排创作，打破了常规化的排版，其设计作品做到了风格极简且传达明确，令人印象深刻，对后世的平面设计产生了重大影响。

网格是指在一定数列比例下，利用纵横交错的直线在版面上划分出无数个尺寸相同的单元网格，目的是对杂乱无章的视觉元素进行合理地配置、规划与布局经营，让编排充满理性与秩序，追求一种具有形式美感的版面视觉效果。

而网格系统则由字体、图片、页边距、版心、栏、栏距等元素组成，通过它们之间的布局与比例关系而得以存在。网格系统为版面建立了一个空间布局秩序，将横竖的参考线相互交错形成了“网状棋盘格”。在它的基础上，设计师可以将文字、图片等信息进行有序地编排布局，运用对齐原则建立起视觉元素之间的相互关系，明确版面的结构。简单地说，网格系统就是支撑版面的骨架，作为一种秩序而存在。

严谨的网格系统体现了理性的设计，赋予版面节奏与韵律，能有效提升信息的传达效率，体现秩序之美。

（2）网格系统的构建

设计师应构建一套合理的网格系统，使文字、图片等视觉信息之间以一定的比例进行空间布局，呈现出较强的关联性，让设计作品更具秩序之美。

A.确定版心

首先，要根据项目的主题定位与版面需求来确定版心的大小，同时也要考虑到页边距带给人的心理感受，总之要定好整体风格基调，以确保达到最佳的视觉效果（图3-108）。

图3-108　确定版心

B.划分栏数

对信息进行审视与研究，在版心上进行对栏的划分并确定合适的栏数。通常以两栏、三栏居多。这里以两栏为例，栏间距不宜过窄或过宽，一般控制在5～10mm（图3-109）。

C.横向划分单元格

在纵向分栏的基础上再进行水平等分，就形成了模块式网格结构（图3-110）。设计师可以利用它来编排出更多的版面视觉效果。

图3-109 栏数的划分

图3-110 模块式网格结构

D.文本与单元格匹配

将文本注入单元格内并调整文字的字号、字距以及行距，目的是将文本与网格对齐（图3-111）。

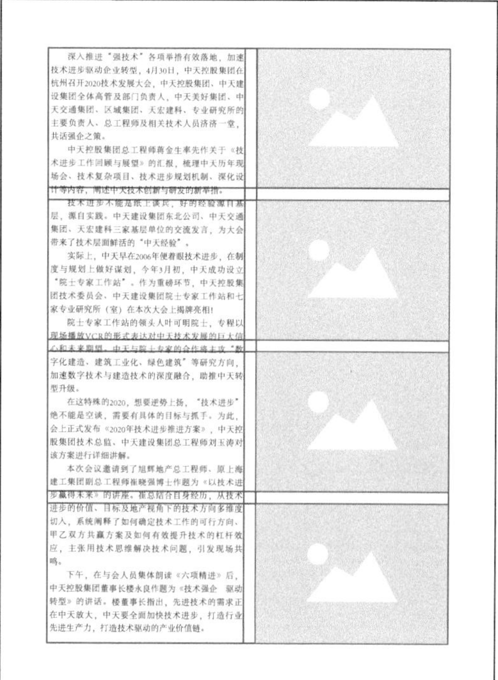

深入推进“强技术”各项举措有效落地，加速技术进步驱动企业转型，4月30日，中天控股集团在杭州召开2020技术发展大会，中天控股集团、中天建设集团全体高管及部门负责人、中天美好集团、中天交通集团、区域集团、天宏建科、专业研究所的主要负责人、总工程师及相关技术人员济济一堂，共话强企之策。

中天控股集团总工程师蒋金生率先作关于《技术进步工作回顾与展望》的汇报，梳理中天历年现场会、技术复杂项目、技术进步规划机制、深化设计等内容，阐述中天技术创新与研发的新举措。

技术进步不能是纸上谈兵，好的经验源自基层，源自实践。中天建设集团东北公司、中天交通集团、天宏建科三家基层单位的交流发言，为大会带来了技术层面鲜活的“中天经验”。

实际上，中天早在2006年便着眼技术进步，在制度与规划上做好谋划，今年3月初，中天成功设立“院士专家工作站”。作为重磅环节，中天控股集团技术委员会、中天建设集团院士专家工作站和七家专业研究所（室）在本次大会上揭牌亮相！

院士专家工作站的领头人叶可明院士，专程以现场播放VCR的形式表达对中天技术发展的巨大信心和未来期望。中天与院士专家的合作将主攻“数字化建造、建筑工业化、绿色建筑”等研究方向，加速数字技术与建造技术的深度融合，助推中天转型升级。

在这特殊的2020，想要逆势上扬，“技术进步”绝不能是空谈，需要有具体的目标与抓手。为此，会上正式发布《2020年技术进步推进方案》，中天控股集团技术总监、中天建设集团总工程师刘玉涛对该方案进行详细讲解。

本次会议邀请到了旭辉地产总工程师、原上海建工集团副总工程师崔晓强博士作题为《以技术进步赢得未来》的讲座。崔总结合自身经历，从技术进步的价值、目标及地产视角下的技术方向多维度切入，系统阐释了如何确定技术工作的可行方向、甲乙双方共赢方案及如何有效提升技术的杠杆效应，主张用技术思维解决技术问题，引发现场共鸣。

下午，在与会人员集体朗读《六项精进》后，中天控股集团董事长楼永良作题为《技术强企　驱动转型》的讲话。楼董事长指出，先进技术的需求正在中天放大，中天要全面加快技术进步，打造行业先进生产力，打造技术驱动的产业价值链。

图 3-111　将文本注入单元格

（3）网格系统的应用

设计师通常会借助网格系统来经营视觉信息，这样不仅有效提升了设计工作效率，而且还为编排提供了一定的理论依据。目前，最常见的有8格、16格、20格、32格网格系统，它们为版面编排提供了无限的可能性。

在网格系统的基础上，可直观地进行编排，调整视觉信息的位置与比例关系，使它们相互之间产生联系，让版面体现出理性与秩序。

A.8格网格系统

8格网格系统的版面上能够产生多种不同的单元格组合样式，经常用于画册、期刊或广告宣传单等的设计（图3-112）。

B.20格网格系统

20格网格系统的版面上能够产生更多的文字与图片的组合样式，常应用于招贴、画册、杂志等的设计（图3-113）。

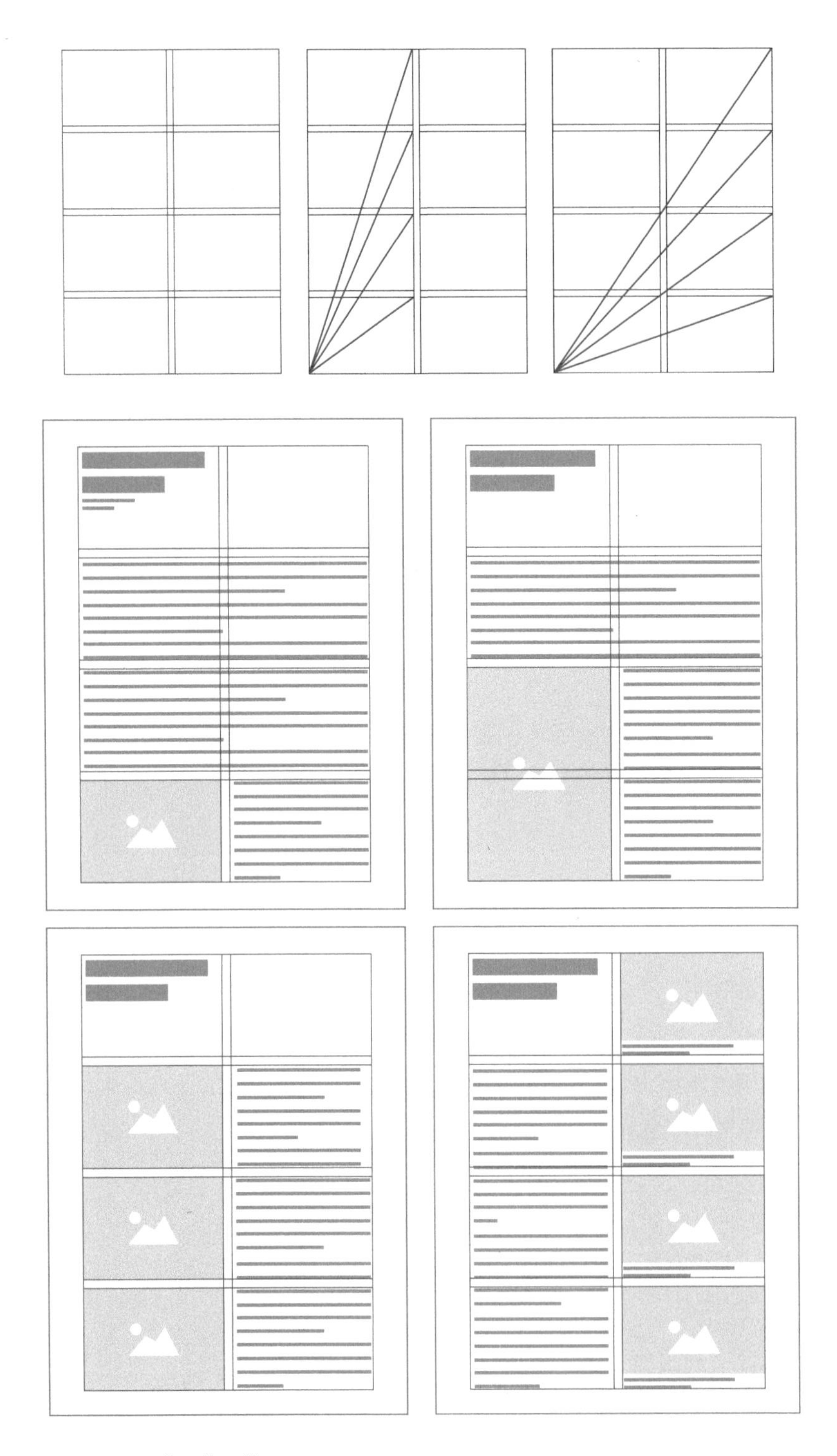

图 3-112　8 格网格系统

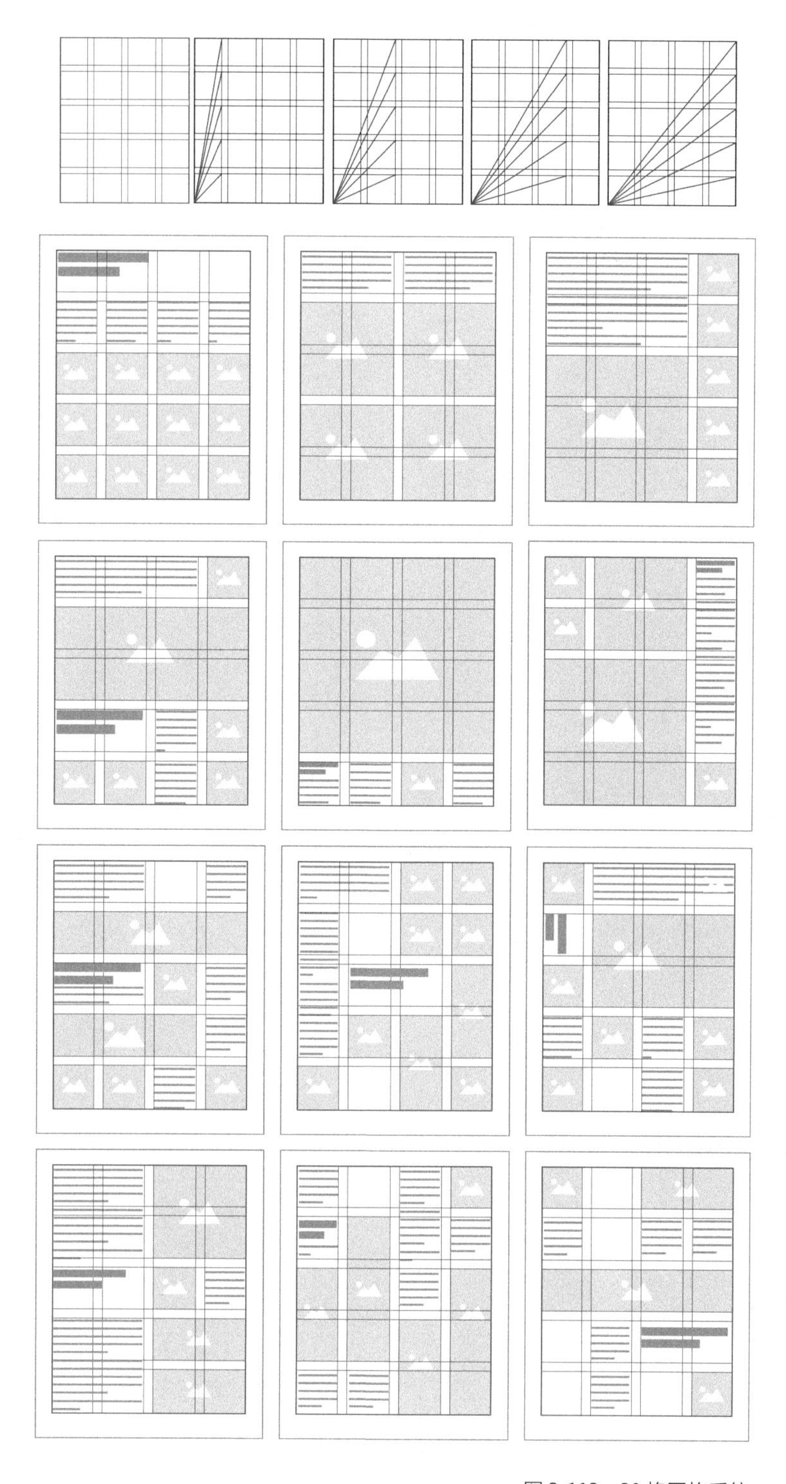

图 3-113　20 格网格系统

Chapter four

第四章　会通

编排的创意经营

一、版式的“经营之道”

好的版式作品之所以能够吸引读者，打动读者，除了具备优质的图片与文本之外，更为关键的在于设计师真正将自身的艺术审美、设计经验与理论知识融会贯通，在“直觉”与“逻辑”两者之间建立起相互和谐的关系。换句话说，版式的“经营之道”就是在感性与理性之间寻找平衡。

对于编排来说，最重要的就是沟通，如同中医讲究“望、闻、问、切”一样，通过观察、倾听、交流的方式，把含糊不清的诉求转化为明确的需求，挖掘并找到问题的所在，这样才能“对症下药”。面对项目委托，设计工作自始至终都要注重沟通与交流。

编排工作主要分为调查研究、设计图稿、方案确定、输出样稿与设计面世五个阶段（图4-1）。

图 4-1　编排的工作流程

首先，是对项目的调查研究。设计师要对编排的内容有充足的了解，例如市场状况、品牌定位、风格形象、客户需求、服务与功能等，深入研究并制定明确的主题设计方案。

然后，设计师就要进行设计图稿的制作。这一阶段尤其重要，有不少初学者往往会忽视它的重要性，他们把所有已提供的图文资料直接堆放在一起进行编排，这种做法很快会使自己陷入混乱、难堪的局面，逻辑思维也会受到很大影响，大大降低了编排效率。一般来说，设计图稿的工作具体分为两个环节。第一环节是绘制草图。绘制草图其实就是设计师构思、获取设计“灵感”的创作过程。这里的草图主要是表现出大体的框架视觉效果，无须拘泥于对细节的刻画。版面中的各信息要素可利用图形来代替，例如分别以粗线、细线、色块等代表标题、正文、插图等的粗略效果（图4-2）。

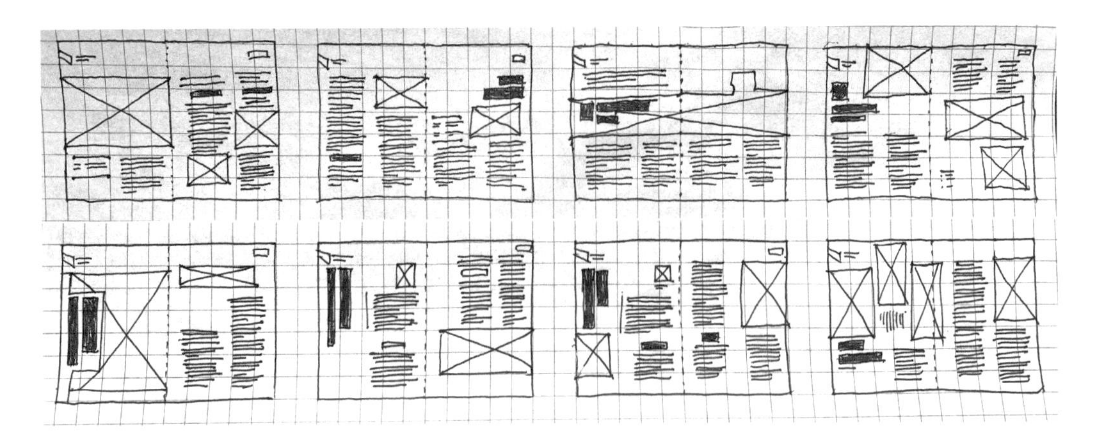

图 4-2　草图原稿

第二个环节就是设计图稿制作环节。设计师需要在草图中筛选出较为理想的方案并进一步完善与规范，最终达到令人满意的版面视觉效果，让委托方能够直观地感受到设计师的设计意图（图4-3）。

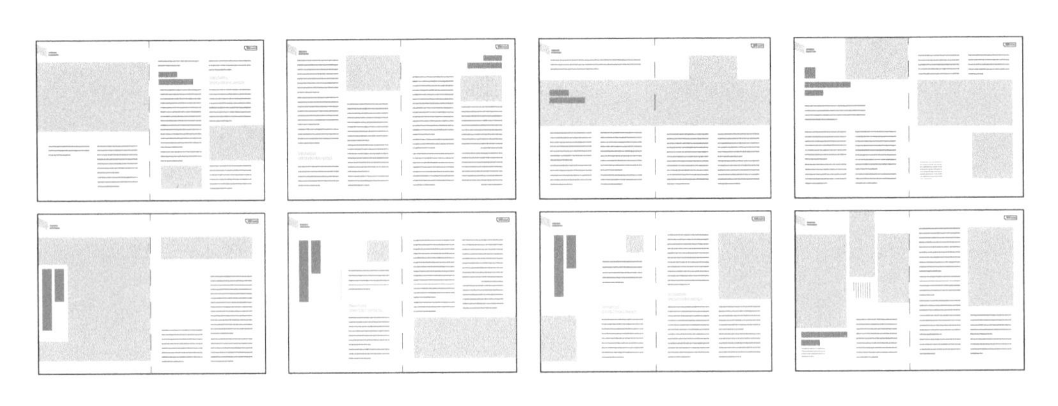

图 4-3　设计图稿制作

从方案确定到设计面世，设计师始终要与委托方保持联系，确保编排工作的顺利进行。版式不能一味地追求形式美，否则会违背文本内涵与真实需求，要站在委托方的角度去考虑。在设计面世之前，一定要注重样稿的重要性，将样稿输出并提供给委托方审阅与核对，这是必须要做的工作，特别是对于纸媒印刷来说，哪怕是出现一丁点儿错误，代价都不小！

总而言之，除了前期的学习、临摹之外，设计师还需要大量的实践，经过长期的积累与经验总结，最终形成一套属于自己的编排经营之道。这样以后面对任何的编排难题，都可以迎刃而解。

二、视觉重塑

视觉重塑是指对视觉元素形象进行重新塑造。具体地说，就是将文字、图片、图形、符号等视觉元素进行再设计，以艺术表现的形式创造出新的形象，赋予其新生与活力，使其更具设计美感，给观者留下深刻印象。

寻味常熟
一碗蕈油面里的家乡印记

寻味常熟
一碗蕈油面里的家乡印记

寻味常熟
一碗蕈油面里的家乡印记

1.字体的风格

字体具有独特的气质，能够体现出一定的文化质感。在编排中，设计师在充分理解文本的基础上选择适合主题风格的字体，可营造出和谐统一的视觉效果。

（1）衬线体的应用

图4-4是一个主要介绍家乡美食的内页编排设计。

ZHONGTIAN PEOPLE
2021年第1期

菜品介绍

寻味常熟
一碗蕈油面里的家乡印记

中天北京集团 周叶

说起常熟，或许有些人并不熟悉，但你也许听说过它的别称：昭文、琴川、虞城、海虞……常熟是国家历史文化名城，因“土壤膏沃，岁无水旱之灾”而得名，地处江南水乡，素有“江南福地”的美誉，是吴文化的发祥地之一。

有别于官方介绍，在我的眼里，常熟只是家的另一个名字，在外漂泊的游子，对家乡的思念时常会化成舌尖上最熨帖的味道。每一种味道都有一段关于家乡的故事，而我从小就爱吃面。作家金曾豪说过：“常熟人吃面条是很讲究的，有的已讲究到了‘疙瘩’（挑剔）的程度，所以常熟人在外地吃面是不大可能满意的……”

在我看来可能是因为这一碗别地儿吃不到的“素面之王”——虞山蕈油面，吃刁了常熟人的嘴，毕竟这可是一碗连宋庆龄、宋美龄姐妹都赞不绝口的面。

苏式面食的典型派头
“素面之王”的地道讲究

常熟一直都是个慢城，闲散是它最贴切的注脚。常熟人的一天，往往是从一碗面开始的。街头巷尾的面馆里，要上一碗新崭的面条，雪白的素面只浅浅地露在汤头上，宽汤窄面是苏式面食的典型派头。

虞山蕈油面是常熟的传统特色面点，松树蕈是常熟虞山上的特产，虞山是“吴文化第一山”，古称乌目山，因葬虞仲（吴王的直系先祖）而更名，山上松林成荫，每到春秋季节，特别是在雨后，就会长出许多蕈来。这蕈的颜色一如松树皮，呈淡棕色；形似开了伞的蘑菇，但显得更瘦长、苗条；质地也略带一点松树的“坚韧”，比菜场里卖的蘑菇更富含纤维素；味道也更胜一筹。

松树蕈口感比较实，仿佛嫩肉，又似野味，很有嚼头。新鲜采下来的蕈又嫩又鲜，先撕去表层膜衣，洗干净后，用盐水浸泡三四个小时，然后才能下锅用素油熬，而且一定要用纯正的农家菜籽油。用这种野生菌作为面浇头的蕈油面，十分鲜美。即便如今科技发达，已经能用人工的方法培育出许多种食用菌类，但却从未见过人工的松树蕈。

兴福寺
那碗蕈油面的故事

如果说“开车一小时，吃面五分钟”吃的是一种情怀，那么去兴福寺老面馆吃蕈油面就更是情怀中的情怀了，唐代诗人常建《题破山寺后禅院》中写的“曲径通幽处，禅房花木深”描绘的破山寺的意境，一直被古今传诵，而破山寺就是常熟的兴福寺，也是江南四大名刹之一。蕈油面最早只是兴福寺和尚食用的一道素食，后来得到了食客们的青睐才广为流传，可以说兴福寺就是这碗蕈油面的始源地了。

兴福寺这碗蕈油面有许多故事。曾先后担任同治、光绪两代帝师的晚清著名政治家翁同龢69岁回归家乡常熟后，经常自瓶隐庐赴兴福寺，与法灯论学说经以“自遨”，住持常常以蕈油面款待他，翁同龢对蕈油面更是盛赞有加。

而在近代，宋氏姐妹宋庆龄、宋美龄也曾畅游常熟，在兴福寺外500年的板栗树下，一碗兴福蕈油面端上桌，清香扑鼻，色泽诱人，宋氏姐妹品尝后赞不绝口，连连叫好：“想不到小地方也有这么好吃的菜和面。”

“常来常熟”
小地方沉淀大历史

“七溪流水皆通海，十里青山半入城。”明代沈玄的《过海虞》是常熟最具代表性的诗篇。在苏州下辖的几个县市中，常熟是江南有史可据最早的都市。十里虞山峰峦起伏，半麓入城，尚湖、昆承湖面山而卧，相映增辉；琴川河穿城而过，雅园幽巷点缀其间，构成了山、水、城、园融为一体的独特吴中风情。远有孔子唯一南方弟子、兴东吴文教的先驱言偃，《富春山居图》的作者、“元四家”之首的黄公望，近有清代“两朝帝师”、“状元宰相”的翁同龢，湖光山色与古城相互映衬、众多名胜古迹和闻名于世的“沙家浜”别具特色，姜子牙“愿者上钩”的典故也出自于此，千年的古城，沉积了无数的历史篇章，说一句“物华天宝，人杰地灵”也不为过了。

我时常想起那棵数百年的老树下，流泉潺潺，石桥拱立，数百张餐桌置于林间空地，甚是壮观。吃上一碗蕈油面，品上一杯虞山茶……常熟这座老城里贮藏着我18岁之前的所有记忆，在我成长的过程中，这一碗面是最深入骨髓的、最难忘的东西，即便隔得再远，在睡梦之中也常常回味，那种舌尖上的味道，是伴着我长大的味道，也是家乡留给我最深的印迹。

80/81

图 4-4 衬线体的应用

设计师在构思的过程中发现，内容除讲述蕈油面的历史文化与工艺外，背后还隐含着作者难以割舍的故乡情结，故主标题的字体采用了衬线字体，意在让读者感受到那一份浓浓的家乡文化味道。

（2）非衬线体的应用

图4-5是一个关于概念工业产品的招贴设计。

Chandelier AvantGarde Bk Bt
Chandelier Minion Variable Concept
CHANDELIER Georgia

图 4-5　非衬线体的应用

为了凸显工业风与未来科技感的整体形象，字体选用了非衬线体，在视觉上能给人带来理性、简洁与醒目等印象，展现出现代产品的气质与格调。

2.文字的重塑

在编排中，找到适合主题风格的字体其实不是一件容易的事，它要求设计师也应具备字体设计的能力，而这种能力其实就是对文字的重塑能力。这需要设计师根据主题与版面的需求，对文字信息进行创意设计，创造出更具画面感的新文字视觉形象，让人赏心悦目。

（1）文字的创意设计

图4-6是第二届中国国际进出口博览会的标志设计。

设计师将文字“遇见上海”与丝带等设计元素很好地串联在一起进行设计，所形成的新视觉形象带给观者一种友好、开放、合作的感受，强化了博览会的主题宣传（图4-6）。

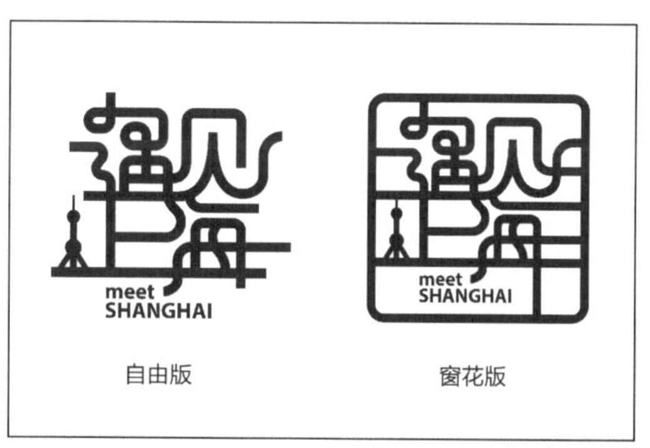

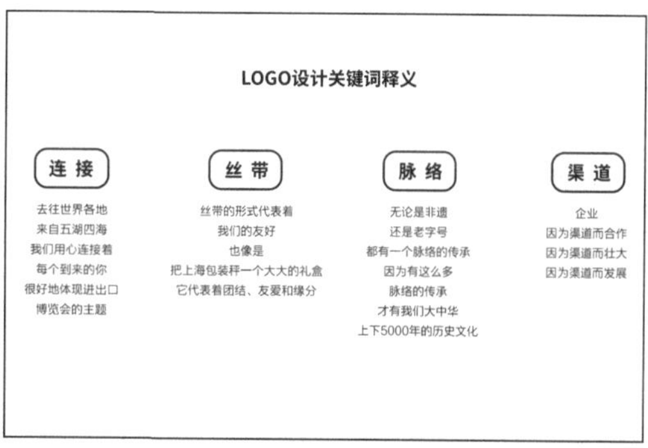

图4-6 “第二届中国国际进口博览会——遇见上海”文字的创意设计 / 观联设计

（2）文字的融合

图4-7是以“湖州三绝”为主题创作的系列海报。

利用文字之间的相互融合，呈现出“塔里塔——飞英塔”“桥里桥——潮音桥”“庙里庙——府庙”的视觉效果，能让观者直观感受到“湖州三绝”所独有的建筑特色（图4-7）。

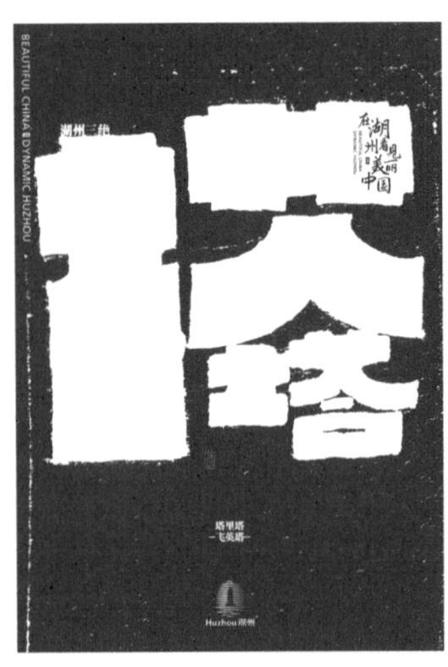

图4-7　文字的融合 /《湖州三绝——在湖州看见美丽中国》/ 王武

（3）英文的解构

图4-8是一个关于章节页的编排设计。一般来说，章节页所提供的文字信息较少，主要是以图片渲染为主，既要体现主题的视觉感染力与视觉张力，还要与文字信息和谐搭配。

悦读

好电影就和好书一样，经久不衰，百看不厌。相比纸上的文字，光影世界虽凝结于短暂的一百分钟左右，却仍能像一本厚厚的读物，激荡起人内心的无尽波澜。这，就是电影的魅力——用声音配合画面的形式将好故事娓娓道来。

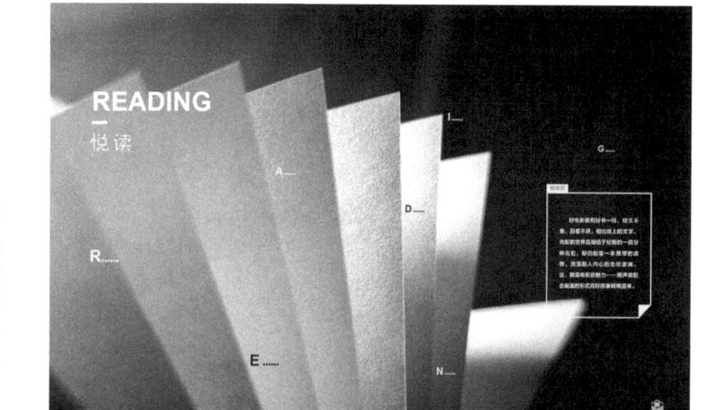

设计前委托者提供的文案　　设计后的版面　　图4-8　英文的解构

将文字信息放入420mm×270mm的版面里并进行通版设计，若处理不当极易出现画面空旷、单调等问题，通过提升版面使用率，使用对角线构图的方法，可以让信息元素达到视觉上的平衡。即将英文进行分解，把READING（阅读）拆分为单个字母——R、E、A、D、I、N、G，在版面上进行分散式布局。

（4）汉字的解构

汉字是中华民族最伟大的创造之一，集形、音、义于一体，又经过上千年的发展形成了“汉字七体”——甲骨文、金文、篆书、隶书、草书、楷书和行书。其直观性与表意性为设计师提供了巨大的重塑空间。下面通过具体案例来说明对汉字解构的应用。

图4-9是一个对汉字分解重塑的案例。

为了纪念中天控股集团成立25周年，笔者受邀为《中天人》特刊设计封面。作品意在重塑文字，将主题文字“中天人”与“二十五周年”拆解与重构，一笔一画代表脚踏实地，一撇一捺尽显中天情怀。笔画以虚衬实，增加了版面的空间层次。

在印刷方面，采用红黄两色印刷，并反白标题，运用UV与浮雕工艺，营造出了强烈的色彩对比，提升了整体的视觉感与触感（图4-9）。

中天人
二十五周年

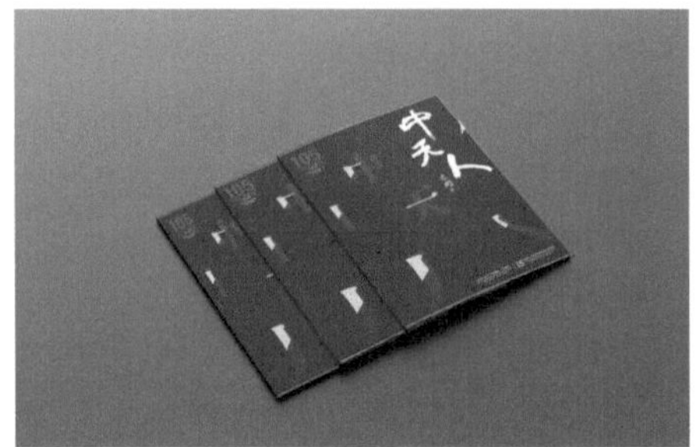

图 4-9 《中天人》封面设计

3. 图文的重塑

在设计中，委托方所提供的信息资源大多都是有限的、未经过处理的，倘若直接把它们放入版面里进行编排，一般会带来不佳的版面效果与阅读体验。

图文的重塑，顾名思义是指将文字与图片进行重新塑造，并将两者紧密联系在一起，实现图文并茂的视觉效果，最终的目的就是达到最佳的视觉传达。

首先，要对文字与图片在版面中的作用有所了解，即文字是语言的载体，具有一定的逻辑性，并能激发人们的想象力，而图片与文字相比则更显直观、形象，具有吸引、导读的作用。其次，寻找文字与图片之间的关联性。图片虽然具备很强的视觉吸引力，但如果与文字信息不相匹配，再优质的图片在版面中也会失去价值。最后，建立图文之间的和谐关系。设计师需要在深刻理解两者的基础上，从文字信息中提炼出有价值的信息与图片进行深入融合，使之搭配得当，让主题信息的传达更加清晰明了、形象生动。

图4-10为《中天控股集团2020公益慈善报告》封面。

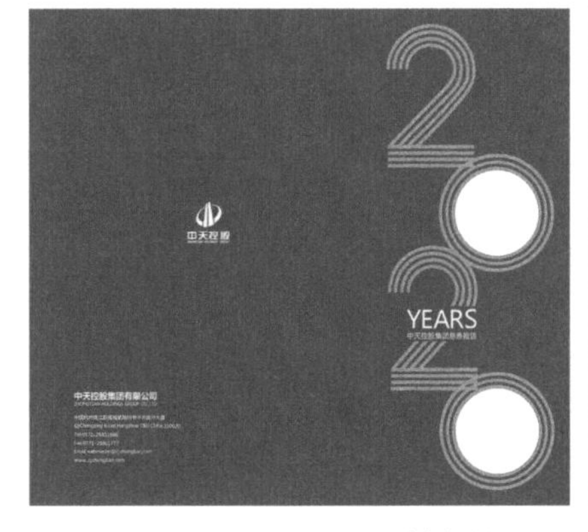

封底与封面设计

封 2 与扉页设计

图 4-10 《中天控股集团 2020 公益慈善报告》封面设计

在封面与扉页的设计上，将“2020”与“主题图片”进行融合重塑，在视觉上建立起“0”与主题之间的相互联系，凸显了企业2020年度“助学”与“抗疫”两大公益主题，采用了烫金与镂空印刷工艺，增强了书籍的层次感、趣味性与互动性。

图4-11这张内页编排设计同样也运用了图文重塑完成主题创作。

ZHONGTIAN PEOPLE
2020年第1期

十七年
SEVENTEEN YEARS
我在中天成了家
中天成了我的家
MY HOME

我叫左海军，在中天十建山西临汾西关中心城项目任执行经理，现年39岁。细细想来，从刚开始接触中天到现在，已有20个年头，而真正就职中天的17年里，我在中天成了家，中天成了我的家。

初识中天
打开生活希望之门

我的家乡是偏远的甘肃庆阳，至今还没有通火车。9岁那年，父亲遭遇不幸永远地离开了我们，让这个本来拮据的家庭生活更加艰难，我也因此尝到各种苦的滋味。

穷人的孩子早当家，18岁的我被迫退学外出谋生。2001年，中天建设集团第五建设公司承建的西安地矿所住宅项目开始动土施工，我在现场第一次见识到了中天工地——干净整洁规范的施工现场，整齐醒目的宣传标语，各色鲜艳的旗帜迎风招展，至今历历在目。但那时，我还不是中天员工，只是保安服务公司派来为中天项目服务的一名保安。然而，正是这样的机缘，使我认识了中天，也借此改变了我的命运。

或许是想改变窘迫的生活，或许是责任心使然，我对中天施工现场的保卫工作不敢有丝毫的懈怠。2003年的一天，集团董事张跃仁找到我，希望我帮项目部找几个体校的师兄弟过来做安保工作，于是我鼓起勇气毛遂自荐。然而，让我感到意外的是，他没有让我做保安，而是让我做了项目部的一名安全员，成为了一名真正的中天人。

当时，我在保安公司每个月只能领到两三百元的薪水，对于背负着上学时欠下的债务以及今后无尽压力的我而言，“希望”成了最奢侈的东西。要知道，在我来西安打工时家里住的还是土窑洞，连一件像样的家具都没有，更别提什么家电了。18岁前的我连一双像样的球鞋都未曾穿过。我曾幻想，谁要能帮我家盖上三间平房我都愿意帮他打一辈子工！

得到了中天的这份工作，让我更加珍惜眼前的一切，我要用双手改变我的未来。

立足中天
省城有了我的家

从保安转变为安全员，我所面临的一切都是新的，所肩负的责任和分量也是前所未有的。但我没有畏惧，因为我不愿意再穷下去，我有改变自我的决心和勇气。

为了能尽快成为一名合格的安全员，我必须付出比其他人多几倍的努力。于是我每天坚持在学中干、干中学，在现场请教工人师傅脚手架怎么搭，杆件怎么设置，横距、纵距、步距是多少从哪里算起，为什么要搭剪刀撑等常识的问题，拿着扳手和工人一块实践、体会，下班后抓紧学习建筑施工安全检查标准，对照现场进行危险源的识别……

我对知识的渴望几乎到了疯狂的地步，一天不学习我都觉得是浪费时间。很快我掌握了安全管理的知识，开始了正式的安全员工作。

一分付出一分收获。我所负责的项目未发生任何大的安全事故，豪盛时代、七星花园、都市之门项目部先后被评为省、市级文明工地，都市之门项目成为陕西省2008年度现场观摩工地，我也多次被评为集团及五建公司先进工作者，2008年被评为集团优秀安全员。

我的工作得到了公司的认可，待遇有了很大的提升，之前的债务很快已经还清。2005年，在同事的祝福中，我在西安成了家。2008年的那次大地震后，我回到老家，盖起了三间新房，而这比我原来的梦想实现时间提前了很多很多。2009年，我在西安买了自己的第一套房。

奋战中天
走在幸福康庄路上

中天造就了全新的我，我也希望用付出去回报。2011年，我向公司提出转型的想法，希望向生产经理的方向发展。

事实证明，在中天，只要是块金子就一定能闪

48

49

图4-11 图文的重塑

在编排中，标题字数过多很容易造成版面空间的浪费，将主标题“17年，我在中天成了家，中天成了我的家”进行断句断行处理，强调了时间与主体(“17年”、“中天”与“家”)，给观者留下良好的第一印象。

接着，委托方提供的三张图片，无论从何种角度看都很难称得上是“美图”，若直接放入版面之中，必然带来不佳的效果。设计师在构思的过程中，理解到文中的重点是突出“家”在岁月中的巨大变迁，对此将这三张图片运用视觉对比进行表现，明确彼此之间的相互关系。最终，将标题与图片组合为一个新的形象，提升了版面的视觉效果，增强了主题感染力。

三、图片的战略应对

在现代设计中，图片作为组成版面最重要的视觉元素之一，越来越受设计师的重视。在编排中，不是所有的图片都可以实现理想的视觉传达，设计师需要对图片进行战略性应对。

1.图片的“自我修养”

将图片利用艺术表现手法，例如去色、渐变、模糊、移轴、暗角等，形成全新的视觉形象，目的是使其更加符合文中的主题，突出其中的主体信息，让图片成为版面中的视觉焦点。

（1）图片的艺术表现

图4-12中上面这张未处理的图片如果放在版面之中，带给观者的感受就是“平”，分析其原因就在于图片中的近景与远景没有拉开，画面的主体信息不明确且没有层次感。设计师利用移轴艺术表现手法聚焦图中的主体对象，创造出强烈的视觉虚实空间（图4-12中、下图）。

追梦 DREAMS

编者按

2020年是全面建成小康社会的收官之年。自党的十六大正式提出“全面建设小康社会”以来，18年间，中天在助力全社会奔小康的道路上作出了不可磨灭的贡献。作为全国民营建筑领域的领头羊，中天的发展与实现小康社会目标有着密不可分的联系。本专题从一线工人、项目经理、集团区域开拓等多个角度，透过平凡之人、平凡之事的视角，折现出中天在全社会奔小康过程中的付出及收获。

创业、守业，
我们与时代一同前行

文 西北集团甘肃分公司
黄敏

从兰州到敦煌，到陇南山地和陇东黄土高原，甘肃，这个祖国西北腹地的省份，在几千年的岁月风沙中，经历过河西走廊的繁荣，经历过戈壁沙漠的贫瘠，如今正借助“一带一路”再次腾飞。

在这片古老的土地上，中天人的足迹如磐石般坚硬。

2008年，中天人来到甘肃，开启奋斗之路。

同年4月，甘肃分公司承接的第一个住宅项目“甘肃陇南卧龙时代广场”可谓命运多舛。项目承接不久，就遇到了“5.12”汶川地震，不得不推后一年。2010年8月，项目又遭遇特大山洪地质灾害舟曲泥石流，工地全部被淹。即便遇到连番变故，公司上下依旧选择咬牙坚持到底，2012年10月，项目顺利交付。正是凭借这股不服输的精气，中天人在甘肃站稳了脚跟，后续又顺利接下了陇南市泰和丽景商住小区项目，并双双打造为省级建设文明工地。

为了能在省会兰州抢占建筑市场，甘肃分公司根据自身的建设能力及发展情况，量身定制抓大客户、抓部队项目，走稳健发展道路。

图 4-12　图片移轴艺术表现

（2）图片的色彩应用

图4-13是一个充分应用图片色彩的内页编排设计。

ZHONGTIAN CHARITY

天津公司
四年爱心扮靓
点燃生活希望

天津公司 李耿先

01 KEYWORDS 关键词

老房装修
免　费
19　户

02 INTRODUCTION

南开区“爱心扮靓”活动，是共青团南开区委落实共青团天津市委“美丽天津，扮靓家园”活动要求推出的精准帮扶助困活动。帮扶的对象主要是来自辖区内困难低保家庭的青少年。这些孩子的家庭或因重大变故，或因家庭成员严重疾病、身体残疾等原因，没有能力和充足资金改善生活环境。本活动意在通过爱心企业和爱心人士对特困家庭进行房屋粉刷、水电路改造、厨卫整修、配置生活家具等多种形式，为上学读书的青少年营造良好的学习和生活环境，以更加积极主动的心态走到健康成长的道路上来。活动自启动以来，取得了良好的社会效果。

从2017年起，中天建设集团天津公司在获悉本活动开展情况后，主动联系共青团南开区委，四年来累计出资近七十万元帮助19户困难青少年家庭开展“扮靓”事宜等。

PAGE 84/85

03 PROJECT PRACTICE 项目实操

2020年，天津公司承揽了5户家庭的“扮靓”工作，并组织4组志愿者队伍一对一对接，确保扮靓效果贴近业主所需。在会同有关家庭、施工队伍，编制装修方案，签订相关责任协议后，于8月下旬进入正式的装修阶段。

据了解，本次受助的南开区“爱心扮靓”活动的5名青少年，分别在上小学、中学，正是人生最关键的成长阶段。他们中，或父母离异，与爷爷奶奶（姥爷姥姥）一起生活，或父母一方身患重病、失业在家，靠低保维持生计；每户家庭3、4口人，挤住在面积只有20、30平方米的房间内，厕所、厨房面积狭小，缺乏起码的卫生、排烟、通风等设施；由于室内空间小，每个学生几乎都没有课桌、书柜，放学回家做作业只能卷缩或俯卧在床上；有的学生由于家庭居住环境差，根本没有勇气将同学带回家，平时寡言少语，严重影响孩子的身心健康……

5个学生家庭生活、居住条件的困难，让参与走访调研的共青团南开区委、街道社区干部、中天建设志愿者为之动容，在走访中，中天志愿者告慰每一户家长，困难是暂时的，不能让孩子丧失生活的勇气，希望每一个家长与孩子树立起战胜困难的勇气，帮助孩子明辨是非，端正人生观、价值观，学有所成，做一个积极向上、对社会有贡献的人。

04 PROJECT EFFECTIVENESS 项目成效

如今，走进经过精致装修后的5个家庭，原先拥挤杂乱的空间仿佛变了个样：墙面变白了，地面全部铺上了地砖，厕所和厨房一周都贴上了瓷砖，做了简单的吊顶，厕所内安装了坐便器、淋浴器，厨房内安装了集成橱柜、更新了油烟机、燃气灶，房间里给孩子添置了书桌椅和书柜，有的添置了必要的橱柜，所有的管线都作了暗线处理，灯具全部换成了节能环保的节能灯……

去年10月30日，“爱心扮靓”各组家庭全部竣工，房屋正式交付，中共南开区委副书记张勇勤带领区相关负责同志深入各扮靓家庭实地检验扮靓成果。随后在总结汇报会上，共青团南开区委相关负责同志、中天建设集团天津公司志愿者代表汇报了今年爱心扮靓的整体开展情况，标志着南开区2020年“爱心扮靓”活动圆满结束。同时，共青团南开区委还向中天建设集团天津公司授予了“‘爱心扮靓’公益事业爱心企业”荣誉称号。

中共南开区委副书记张勇勤充分肯定中天控股集团这样的爱心企业的慈心善举。他表示，中天是一家具有社会责任感的企业，正是因为社会各界的爱心，极大提升了困难家庭的生活品质和青少年的学习生活环境，激发了他们脱贫脱困、努力奋斗、建设南开的斗志。

图 4-13　图片的色彩表现

从委托方提供的信息资料来看，主题是展示装修前后的图片效果。如果直接应用必然使观者产生眼花缭乱的视觉感受。设计师意在利用色彩表现来对图片加以分类、归纳并建立一定的视觉关联，同时将文字与图片合理地经营布局，协调各视觉元素在版面中的逻辑层次，从而提升版面的视觉对比效果。

2.图片的“别出心裁”

所谓图片的“别出心裁”，其实是将图片“去背景”。具体地说，是将图片中无关紧要的信息去除，目的是凸显主体，使版面信息有机融合，产生强烈的视觉冲击力。

（1）图片的去背景

图4-14是一个采用了图片去背景手法的内页编排设计。

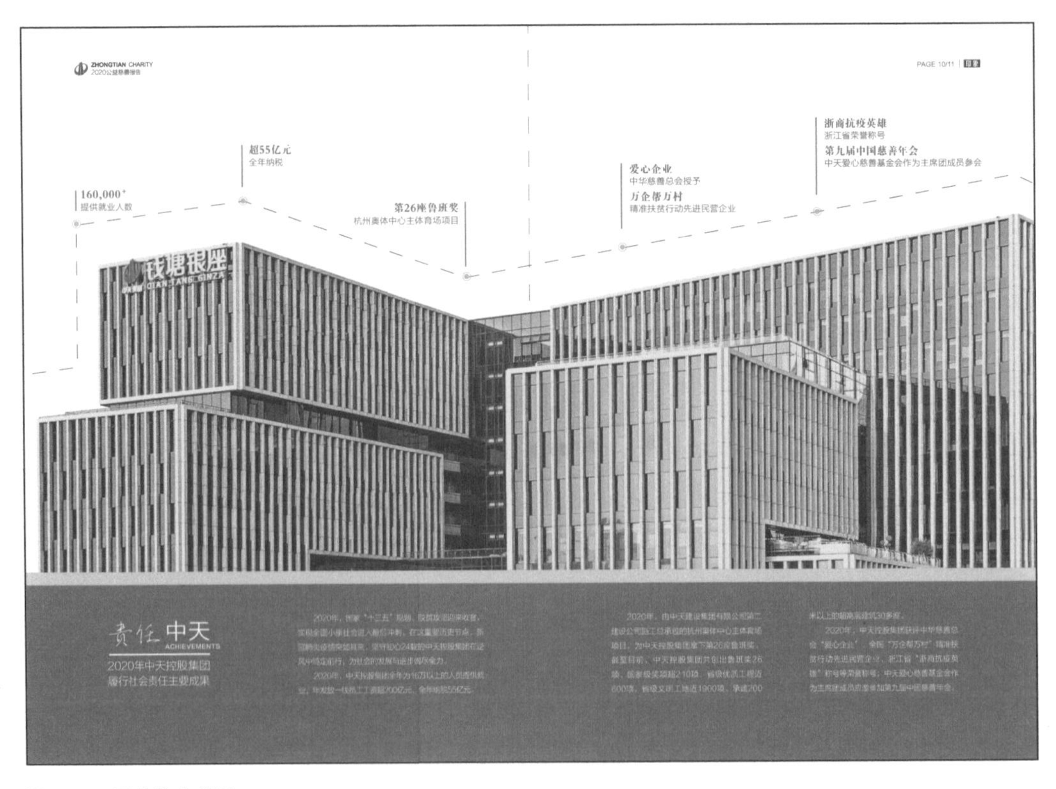

图 4-14　图片的去背景

在已提供的图片中不难看出主体对象（中天钱塘银座）与身后的建筑相重合，如果直接编排使用的话，必然会造成主体不明确、画面凌乱的视觉效果。

利用图片去背景的手法，将图片中与主题无关的信息去除，让主体对象得到充分展现。同时，设计师注意到图中的建筑材料反射出的绚丽多彩的光也会影响整体视觉效果，为了营造和谐统一的效果，通过色彩处理使建筑倾向于柔和的蓝灰色调（符合企业的审美风格），接着将从文中提取的数据布局在建筑上方，制造出一个个高低错落的视觉焦点，增强版面的趣味性。

（2）图片的裁切

设计师应通过对图文信息与版面实际需求的综合考虑决定图片裁切的多少，以下通过实例来说明。

图4-15是一个以杭州奥体中心为主题的内页编排设计。

ZHONGTIAN PEOPLE
2020年第1期

精进 EXCELSIOR

“大莲花”静待绽放
中天智造赋能亚运，共享荣耀

作为亚洲最顶级的体育盛会，2022年杭州亚运会万众瞩目，赛事主会场杭州奥体中心体育场届时也将成为全世界的焦点。作为主体育场的承建方，中天人用匠心诠释着对国家荣耀的无悔付出。

含苞待放、躬逢盛事，“大莲花”里浸润着中天人的智慧与汗水。

杭州奥体中心主体育场及附属设施第一标段总工程，包括主体育场及附属设施（含体育场场地、训练场场地、第一检录处及服务中心）建设用地面积82904平方米，总建筑面积216094平方米，主体育场地上六层，地下一层，建筑高度59.4米。2011年2月正式开工，2017年通过竣工验收。

杭州奥体中心主体育场可举办世界性、洲际性、全国性综合运动会及国际田径、足球比赛，拥有观众固定坐席80800个，继国家体育场“鸟巢”和广东奥体中心体育场后，跻身全国第三大体育场馆。

主体育场看台和附属用房为钢筋混凝土框架剪力墙结构，屋盖为空间管桁架+弦支单层网壳钢结构体系；基坑面积约10万平方米，开挖深度最深达14米，结构按100年耐久性混凝土设计，工程造型新颖、形状复杂，平面呈椭圆形，上部看台含变截面曲线环梁、V型柱、V型梁、阶梯形板等构件；金属屋面由28片双弯双扭曲的大花瓣和27片小花瓣组成，技术要求特别高，施工难度特别大。

针对本工程复杂结构的重难点，集团、区域公司和项目部三级联动，在结构优化、深化与技术创新中大胆实践，整个施工过程综合应用了BIM技术、模拟仿真施工技术、纤维混凝土防裂技术、高精度自动测量控制技术及清水混凝土模板技术等先进技术，有效解决了奥体主体育场高难度、复杂结构的各类施工难题，确保了该工程的顺利施工，形成了一整套技术成果。

该项目技术成果具有较高的创新性与借鉴意义，达到国内领先水平。到目前为止，获得发明专利1项、实用新型专利14项、浙江省省级工法4项、发表核心期刊论文5篇、省级课题3项、国家级QC成果1项、省级QC成果2项、市级QC成果1项，并获得2016年浙江省建设科学技术三等奖及2019年浙江省建设科学技术三等奖。

10

图4-15　图片的裁切

杭州奥体中心坐落在钱塘江南岸，其造型设计源于钱塘江水域中的植被“白莲花”。考虑到主体对象与钱塘江的密切联系，设计师有意对图片进行部分裁切，突出主体对象与钱塘江的关系。接着将文本与图片呈对角线构图编排，使主体建筑所形成的负空间与文字信息有机搭配组合，达到一种版面上的视觉平衡，提升画面的视觉冲击力，形成层次丰富的空间感。

3.图片的“求同存异”

每张图片在信息、色彩等方面都会存在一定差异，在编排中极易产生不佳的视觉效果。通过对图片的外形、比例、色彩等进行主题系列化设计，例如运用邮票、相框、电影胶片等主题风格，强调图片之间的和谐、统一，使图片之间有效建立起一定的联系并具备统一的视觉形式，能够达到丰富、美化版面的目的。

在图4-16这个内页编排设计中，通过审视发现其中有两张照片比较“特殊”，看起来很有年代感，如果直接放入文本里，难免会给人带来格格不入的感觉……

设计师将边框齿孔元素与图片相结合，形成了以邮票为主题风格的视觉形象，最终营造出和谐的版面视觉效果。

4.图片的“锦上添花”

在版式设计中，从文本中提取关键的信息数据，并与相关图片进行组合搭配，能营造图文并茂的视觉效果，让图片具有更多的细节，让读者能直观地理解。

图4-17是一个关于图片与文字搭配组合的内页编排设计。

首先对已提供的图片素材进行重新构图调整，目的是加强主体对象（杭州奥体中心）的视觉张力，接着再从文章中提取与该建筑相关的重要信息，例如第二十六座鲁班奖、国家与省级工法5项、国家专利15项、创新技术6项……将这些数据与图片融合，以图文并茂的形式呈现出来，生动形象地体现杭州奥体中心建筑工程的内在价值——企业追求的品质以及科技创新与应用，使编排设计更理性与人性化。

ZHONGTIAN PEOPLE
2020年第1期

风起东方，蕴育先行活力；浦江浩荡，奔涌开放大潮。

这是一片广袤炙热的土地，也是一片充满生机活力的沃土。上海，作为我国改革开放的排头兵、创新发展的先行者，始终与国家发展的脉搏同频共振。

中天的传奇开启于上海，从1996年改制至今，中天的发展经历了二十余年的跌宕起伏。自楼董事长临危受命来到上海摘得第一座“白玉兰”，一举扭转企业不利局面后，“白玉兰”之于中天，便不仅仅再是一个单纯的荣誉称号，更多的是中天绝处逢生的重要标志，是中天成功“突围”的历史转折，具有划时代意义。此后，实施区域化运作的中天三建以集团精神为指引，不断加大创新变革的力度，在上海这片创业热土上书写不懈奋进的壮美篇章。

排头兵意味着勇立潮头，敢为人先；先行者注定要披荆斩棘，攻坚克难。每一位三建人深知中天事业创办之初的艰辛，更懂得坚守在中天事业发祥地——上海的荣耀与责任。二十余年里，三建人栉风沐雨，砥砺前行，紧扣集团发展战略主线，拓市场、抓工程、强技术、控风险、壮队伍，将争创第一座“白玉兰”的工匠精神心手相传。建立“核心市场、中心市场、后备市场”三级梯度市场布局，在上海市场基础上，设立苏中、苏南、苏北、福建四个分公司，形成稳定的管理架构；承建上海新国际博览中心、中融·碧玉蓝天大厦、郑州国际会展宾馆、昆山阳澄湖宾馆、昆山文化艺术中心、复旦大学附属中山医院、南京熊猫电子G108厂房、七宝宝龙城市广场等众多标志性工程；业务从当年的3.1亿提升到如今的120亿；累计创出鲁班奖7项（其中2项参建），国优银质奖5项，上海市优质工程“白玉兰”奖75项。

在中天文化的引领下，中天三建已连续多年位列上海市进沪施工企业综合考评前三名，连续两次获得“创白玉兰奖工程杰出贡献单位”（该奖项由上海市建筑施工行业协会每十年评选一次），获评“首届履行社会责任先锋企业”（仅十家），获得上海市重大工程立功竞赛优秀单位、上海市用户满意企业、上海市诚信企业、南京市建筑业优秀企业、苏州市建筑业最佳企业、淮安市建筑业优秀企业等众多荣誉称号。

然而，一路走来并非一帆风顺。回顾二十余年发展历程，有太多的崎岖坎坷。十多年前的上海四平路项目，曾经因各种原因一度使中天在上海市场“命悬一线”。那个时候，三建人一旦退缩，可能就意味着中天将彻底告别上海市场。尽管形势已十分被动，但中天三建始终咬紧牙关，坚守阵地，不松手、不放弃，顶住了来自业主及各方的重重压力，查缺补漏，奋发图强，最终顺利度过危机。

多年后，在同一条马路对面，中天大厦项目开工建设，面对同样复杂的地形土质，中天三建再次以实力证明对工程品质的不懈追求，从编制专项施工方案、全天候监控跟踪桩机施工，确保止水和内加固的施工质量，到成立QC小组解决技术难题，加大投入提高基坑施工标准……最终，项目基坑围护无一点渗漏，大厦地下室使用至今也未发现一处渗漏，以近乎完美的施工质量获得2016年度“白玉兰”奖。

2005年8月，在上海国际博览中心项目施工期间，9号台风“麦莎”来袭，给上海造成1.5亿元经济损失，也给原本劳务队伍不成熟、工期紧张的国际博览中心项目施工带来了严峻的挑战。博览中心是政府项目，且已安排举行广交会，一旦逾期交付，面临的政治责任、经济损失都是无法估量的。为确保上海“工博会”顺利举行，公司全员出动，上下一心，日夜奋战，克服技术、劳务、工期、天气等种种不利因素，终于按期交付，将“不可能”变为“可能”。正如稻盛和夫所说：“当你竭尽全力时，神灵就会现身”。这里的神灵，不是等待有谁现身搭救，而是中天人靠自己勤劳的双手和坚定的意志创造出的奇迹。

54

55

图 4-16　图片的主题系列化设计

ZHONGTIAN PEOPLE
2021年第1期

杭州奥体中心主体育场工程荣获鲁班奖

亚运莲花，中天智造

◎中天二建

2月26日，中国建筑业协会2020～2021年度第一批中国建设工程鲁班奖（国家优质工程）评选结果正式发布。由中天二建承建的杭州奥体中心主体育场工程成功入选！

中国建设工程鲁班奖（国家优质工程）是一项由中华人民共和国住房和城乡建设部指导、中国建筑业协会实施评选的奖项，是中国建筑行业工程质量的最高荣誉奖，有"建筑奥斯卡"美誉。

本次荣获鲁班奖的杭州奥体中心主体育场工程位于钱塘江南岸的杭州奥体博览城，是一座拥有8万多观众席特大型的特级体育场，与鸟巢南北呼应，是浙江省重点工程和地标性建筑，同时也是杭州2022年第19届亚运会的主场馆。该项工程不仅是奥林匹克精神在中国的又一体现，更是彰显体育大国风范和向世界讲好"中国故事"的城市经典。

追求卓越，持续奋进，始终致力于提升自己的建筑产品和服务质量，走在行业前列。

该工程混凝土结构采用百年耐久性混凝土，对混凝土原材料质量、混凝土配合比、混凝土耐久性指标等要求高，砼生产及耐久性指标控制难度大；罩棚金属屋面体系及幕墙呈花瓣双曲面形状，由28片大花瓣和27片小花瓣组成；钢结构罩棚最大悬挑达52.5米，大跨度钢结构罩棚、大悬臂空间异型结构体系，现场杆件焊接量大、铸钢节点用量大、定位复杂，异型节点繁多，不仅于省内率先应用了BIM技术数字化仿真，还应用了"建筑业十项新技术"中的10大项32子项。工程总结形成国家与省级工法5项、国家专利15项、创新技术6项；荣获浙江省科学技术进步奖二等奖（钢结构）、浙江省科学技术进步奖三等奖（百年混凝土）、全国绿色施工示范工程、浙江省优秀设计奖、浙江省钱江杯优质工程、国家级QC成果奖等多项荣誉。

杭州奥体中心主体育场工程为中天二建荣获的第8项鲁班奖工程，也为集团拿下第二十六座小金人。中天二建从工程投标、开工到交工整个项目生命周期，处处以"品质为先"为要求，以"顾客满意"为宗旨，以达到"每建必优"的管理目标。

未来，中天二建将继续发扬"以人为本，持续改进"的管理理念，追求卓越，持续奋进，始终致力于提升自己的建筑产品和服务质量，走在行业前列。

76/77

图 4-17　图文并茂的内页编排设计

5.图片的“东西南北”

一些图片中的“信息”具有明确的指向性，具体体现在物体的造型、结构、色彩、虚实上以及人或动物的姿态、眼神与面部表情等肢体语言上。它们会将人的视线引到一定的方向上，对阅读起到积极的心理暗示作用（图4-18～图4-20）。

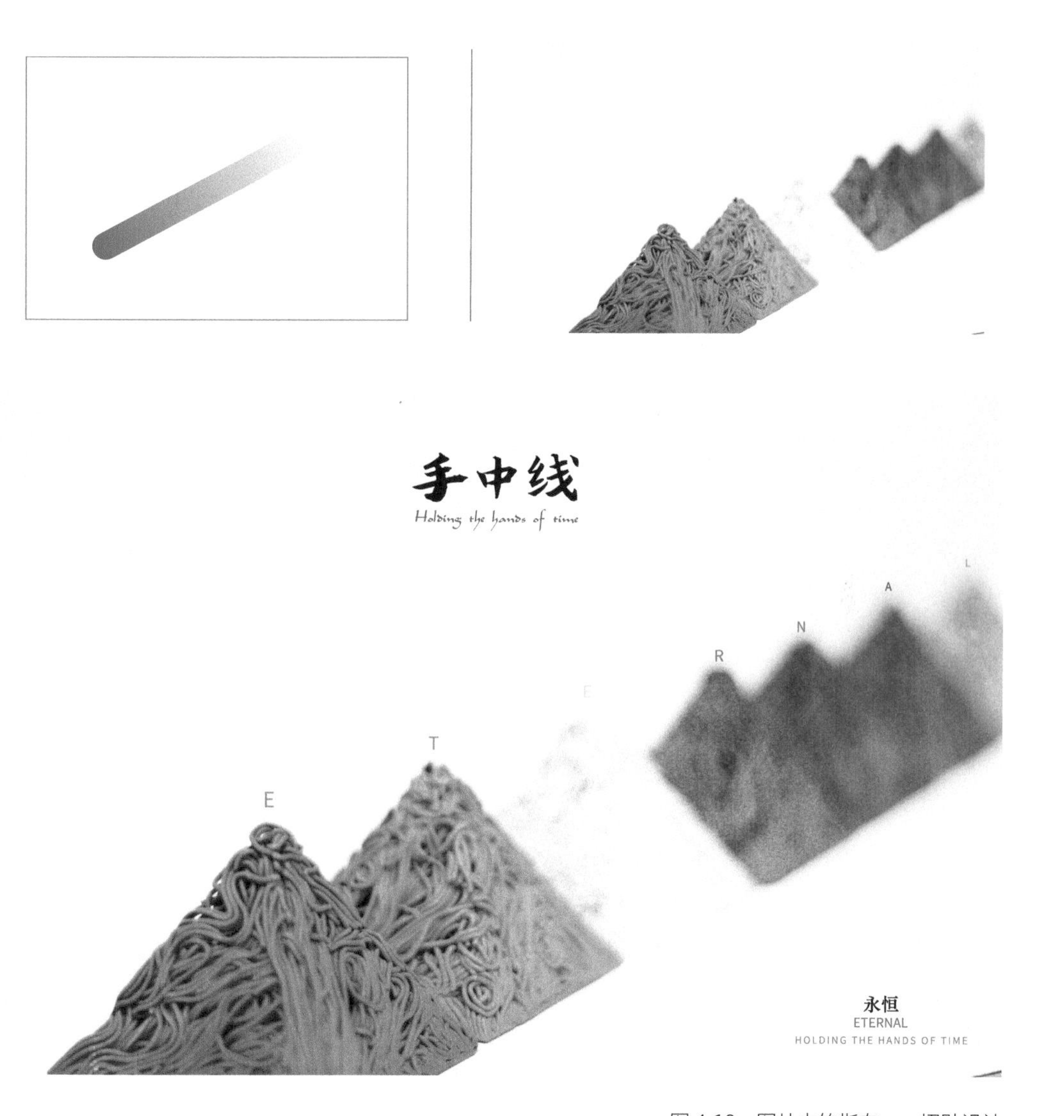

图4-18　图片中的指向——招贴设计

生命的态度

朱良志

生命的态度

朱良志

图 4-19　图片中的指向——内页编排设计（1）

人物姿态具有明确的视觉方向，根据视觉指向来规划重要信息内容的布局，设计师有意识地引导读者的视觉。

“红砖”精神引领持续发展

结合“优结构 强技术 严管理 求质量”的中天控股集团“七三规划”，特别是规划中“强技术”的要求，集团以“红砖”精神为统揽，推动党建与技术发展深度融合。

通过发挥党员同志的先锋模范作用，大力开展适用研发、集成应用，整体提升、重点突破，产业联动、协同推进的技术进步“三项攻关”活动和以打造企业核心竞争力为目标的深化设计“造芯”行动，成果喜人。

自2010年全面启动项目管理标准化管理以来，集团持续完善“深化设计+工厂化集中加工+专业流水施工+穿插施工”的生产方式。

同时，通过成立陕西中天建筑工业有限公司和西安云仓建材科技有限公司两大产业链专业公司，实现对标准部品、提效工具的设计研发、批量生产和集中配送，高效实施深化设计成果。

2017年，集团围绕“构件成型标准、简单高效工法、具体穿插时间”三个维度，发布《中天西北集团建筑产品制造2.0版施工标准》，明确了80个构件或节点产品制造标准。

2018年，集团开始实施“深化设计造芯行动”；2019年，对原有各模块化的建造体系标准进行升级，并持续研发新模块，踏上了模块化建造体系新征程。

也正是这样一支队伍，用专业、专注、专心，实现了千家万户的安居梦。据不完全统计，中天西北集团已完成房建面积达7500万平方米，为75万个家庭提供新家。

三十多年来，“红砖”精神让中天西北集团这艘巨轮得以乘风破浪，成长为陕西地区具有工程总承包特级资质的民营企业，年经营规模达150亿元。

集团先后获得鲁班奖5项，获省部级优质工程奖100余项，企业先后荣膺青海省“十佳民营企业”“陕西省建筑业先进企业”“陕西省AAA信用企业”“西部大开发突出贡献奖企业”“全国建设工程质量管理优秀企业”等几十项荣誉。

这些年来，中天西北集团为省市增加国家税收、助力脱贫攻坚、促进劳动就业、增添地区经济活力等发挥重要作用。

“红砖”精神彰显社会责任

红砖取之于土地，回馈于大地。多年来，中天西北集团积极响应党和政府号召，倡导员工秉承“人人可慈善 人人应慈善”的理念，“真心、真诚、真实”做公益，紧密围绕助学助教、扶贫济困、救灾和志愿者服务来开展公益慈善活动。

中天西北集团连续10年联合共青团陕西省委、陕西广播电视台《都市快报》、西部网、西安晚报等媒体开展“资助陕西百名贫困大学生”公益助学活动、“关爱乡村小学教育”系列公益活动，已助力1200余名寒门学子实现大学梦，援建陕南“百所图书馆”并赠送百万元图书。

近5年来，中天西北集团共组织近2000名志愿者，先后开展8次大规模植树造林活动，累计植树1万余棵，以实际行动落实习近平总书记“绿水青山，就是金山银山”的科学论断；先后开展了“柿子红了”“芹菜熟了”“西瓜甜了”等一系列绿色生态公益助农活动，助力脱贫攻坚。

截至2020年，中天西北集团各项公益慈善支出已累计超2000万元，先后荣获“三秦慈善奖”“陕西希望工程30年贡献奖”等奖项，受到了社会各界广泛的肯定和好评。

以党建为核心，以“红砖”精神为引领。未来，中天西北集团全体员工仍将不忘初心、继续前行，为实现“建筑科技领先型的现代工程服务商”“产品与服务领先型的美好生活服务商”而持续努力，为陕西经济社会发展贡献积极力量。

党建工作带来的凝聚力、向心力和战斗力，让中天西北集团党委和党员充分发挥战斗堡垒和先锋模范作用，基层党建全面加强，党建工作与安全生产、技术创新等中心工作得到深度融合，为全集团转型发展提供了坚实有力的保障，更走出了一条卓有成效的“党建新路”。

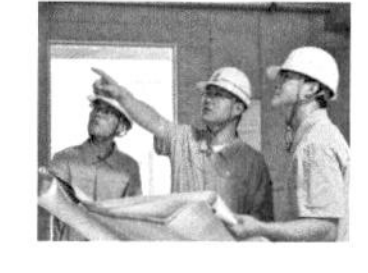

图 4-20　图片中的指向——内页编排设计（2）

设计师可利用图片中的指向性进行创意编排，除了增强版面的视觉张力以外，更重要的是使图片与文本之间产生相互作用，使版面具有较高的艺术观赏性。

四、点、线、面与空间

点、线、面是版面构成中最基础的元素，同时也是编排设计的视觉语言。而空间则是由点、线、面、体所构成的，根据不同主题表现出多姿多彩的视觉空间关系，构建千变万化的版面效果，同时给人带来不同的心理感受。设计师要处理好各视觉元素之间的关系，学会经营点、线、面以及空间，让设计变得更美好！

下面通过实际案例来具体阐述点、线、面与空间在版面中的应用。

1.点的形象

点为最基础的设计元素，它以最简洁的形态存在，不拘泥于大小、形状、方向、色彩，虽显得渺小，但在版式设计中却起到了至关重要的作用（图4-21）。

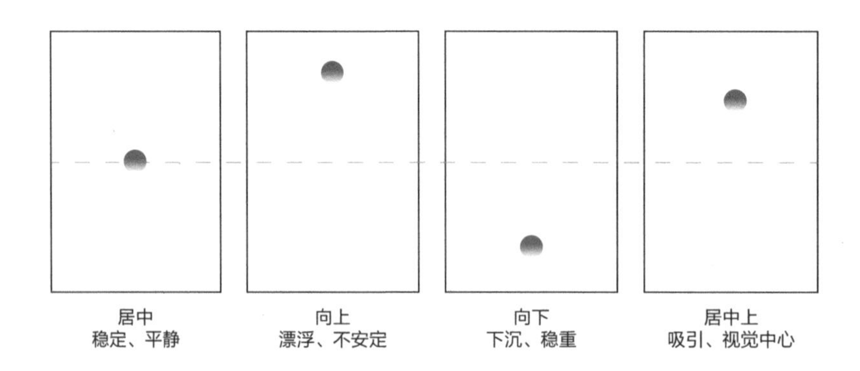

图4-21 点的形象

点的搭配组合既可以在画面上产生视觉焦点，又可以使版面富有节奏与韵律（图4-22）。

（1）点的强调

图4-23是以企业的公益慈善理念为主题的内页编排设计。

全文主要围绕公益慈善理念，重点阐释了企业的“三真”原则——真心、真诚、真实。设计师在构思上运用点的形象，使其成为视觉焦点，目的是强调“三真”原则的重要性。

图 4-22　海报设计 / 靳埭强

真诚　真心　真实

中天控股集团
2019 CHARITY REPORT

14/15 理念

中天的公益慈善理念

中天的社会责任理念：做优秀企业公民

ⓐ

敬责，是中天企业核心理念之一。中天人秉承的敬责，是对社会的责任，对客户的责任，对行业的责任，对员工的责任，对股东的责任。作为企业，首先要做到诚信经营、依法经营、保证质量、解决就业、照章纳税，在这个前提下，要为社会、为民族、为人类多做好事、善事。

中天对做优秀企业公民的理解是：承担对社会的责任，具有良好的道德价值观，遵守法律法规、道德行为准则、商业原则以及国际准则等做到依法合规经营；承担对人的责任，向每一位客户提供优质的产品和服务，为员工创造安全、就业成长、公平公正的内部环境等；承担对环境的责任，维护环境质量，不浪费资源，共同应对气候变化和保护生物多样性等；承担对社会发展的贡献，向贫困地区（人群）提供物质上的帮助和服务，如扶贫、救灾、助学、提供技术援助等，积极参与社会投资、公益慈善、社区服务行动，为社会和谐发展做出贡献。

中天的慈善理念：人人可慈善，人人应慈善

ⓑ

善行不分先后，只要胸怀向善之心，人人可慈善。慈善不是企业家或富人的专利，人人都是慈善主体，慈善应该成为每一个人的自觉行动。慈善不一定指捐了多少钱，口渴的时候送上一杯水，失意的时候送上一句安慰的话，都是一份关怀、一种善意。心中有善念，便能时时行善。

钱款有限，作用有限，范围有限，要用最精简的方式，用最便捷的途径去帮助最需要的人。中天的公益慈善，是雪中送炭，不是锦上添花；不是简单的捐赠，而是在倡导一种有益于社会进步的文化；不是简单的一点付出，而是践行一种大爱，传递一种社会正能量。

中天的慈善原则：真心、真诚、真实

ⓒ

中天做公益慈善始终坚持真心、真诚、真实的"三真"原则：真心，就是以赤诚纯洁之心做慈善，绝不伪善。财富取之社会，反哺社会，是顺理成章的，要有赤诚之心。

真诚，就是对每个受赠对象真诚、尊重，不求任何回报。慈善是捐赠者向受赠者的赠予，更是一种心灵的呵护和沟通，是有同情心人之间的互动。

真实，就是不作秀。每个项目都做到真实可信，都能落地落实，让每一笔善款都能在最需要的地方发挥作用。

中天的慈善文化：以慈行善，以善积德，以德化人

ⓓ

赠人玫瑰，手有余香。中天公益慈善付出的是真心和财富，收获的是理念和心灵的升华。

中天人的理解是，慈心善举首先是做好自己的企业，做好自己的产品，善待自己的员工。

行善的目的不仅仅是帮助人，更是感染人、影响人。

一个公益慈善人，首先是一个合格的职业人。在职业生涯中不断净化心灵，与人为善、净化心灵，提升自己的良知，把慈善作为自己的文化知觉，心灵感悟。

慈善已经成为中天企业文化不可缺少的一部分，中天两次获得中华慈善奖企业、中国优秀企业公民荣誉称号。公益慈善正在慢慢地、悄悄地改变每一个中天人的职业观、财富观和价值观。

真心
真诚
真实

图 4-23　点的应用——强调

（2）点的律动

图4-24所示的这张内页编排设计也体现了点的应用。

通过运用正负形色块来刻意营造关联且对比的版面效果，让读者对这两篇文章产生一种“你中有我，我中有你”的视觉心理感受。同时，将提取的关键文本信息与“点”相结合进行经营布局，赋予画面以节奏与韵律，打破了单调乏味的气氛。

ZHONGTIAN CHARITY
2020公益慈善报告

PAGE 64/65

捐献出20000只口罩

中天西南公司

同心战“疫”，志愿者在行动

“抗疫”是一场没有硝烟的战争，但防疫物资的供给保障却是打赢战役的重要因素。随着新型冠状病毒疫情的蔓延，成都一线抗疫防控人员的防护物资也逐渐告急。2020年2月26日，中天西南公司联动成都市义工联合会、天府新区志愿者协会为成都市高新区石羊街道办锦城社区一线工作者捐赠了口罩、酒精、消毒液、手套等紧缺物资，中天志愿者们主动加入，将防疫物资发放到一线民警和环卫工作者的手中，并为他们加油鼓劲。

同样，在妇女节前夕，西南公司联合成都市义工联合会志愿者走进成都市第一人民医院看望奋战在一线的护士们，并送上慰问品。

实际上，自新冠肺炎疫情爆发以来，西南公司一直在为抗击疫情做物资储备，在得知广元市旺苍县防疫物资紧缺的情况下，籍贯为旺苍县的西南公司项目经理何发在第一时间捐献出20000只口罩解决燃眉之急。2月24日，西南公司与项目经理一起向四川省广元市旺苍县捐赠了价值70000元的防疫物资，由项目经理何发带队与中天志愿者一起将物资亲送至旺苍，助力旺苍疫情防控工作开展。

捐赠防疫物资

率先捐款17.2万元

组织民建企业家会员共捐赠善款超10万元

郭嵩

在疫情防控中尽显企业家情怀

中天智汇安装 杨正锋

面对疫情，不少中天人自发地行动起来。这其中，浙江中天智汇安装工程有限公司总经理郭嵩便是典型。

2020年春节前后，新冠肺炎疫情爆发，人在国外的郭嵩紧急召集中天智汇安装经营班子，用视频会议的方式，商讨部署防控方案。

结合中天控股集团疫情防控总要求和公益慈善的号召，中天智汇安装在严格落实各项防疫措施的同时，以中天爱心慈善基金会为主要平台，号召广大员工加入爱心捐助行列。身为总经理，郭嵩率先捐款17.2万元。

据悉，中天智汇安装全体员工捐赠善款近30万元，并捐赠价值3万元的防护口罩、额温枪等物资；郭嵩担任会长的浙江省湖北商会会员企业捐款捐物总计超过1300万元。另外，作为中国民主建国会杭州拱墅支部主委，郭嵩组织民建企业家会员共捐赠善款超10万元。

“其实很多企业受疫情的影响，损失也很大，但是大家都没有二话。”郭嵩以中天智汇安装为例，算了一笔账，去年1-2月公司营收2.5亿元，今年同期“几乎可以忽略不计”，但响应政府号召，支持抗击疫情，也是我们的重要工作。

入司15年来，中天的公益慈善文化早已深深刻入郭嵩的思想之中，不仅影响他带领智汇安装积极行善，更将中天慈善文化透过企业家责任影响到更多的企业和企业家。

作为浙江省湖北商会会长，郭嵩号召会员单位行动起来。从宁波，到绍兴，再到金华、台州、衢州，包括浙江疫情最严重的温州，湖北籍企业家捐款捐物，共战疫情。

4月8日，武汉全面解封。郭嵩带领公司和商会筹备了一场特殊的企业招聘会——定向招聘、录用湖北籍人员。此外，郭嵩还先后慰问了抗疫前线的军人、医护人员，为最美逆行者送上慰问品。

在郭嵩的带领下，中天智汇安装抗疫事迹获得了社会的赞誉，先后被评为杭州市“战疫情 促发展 稳就业”先进企业、浙江省工商联抗击疫情先进浙商等荣誉。

“疫情肆虐，在这场没有硝烟的战场上，我们企业家虽然无法冲在战疫第一线，但在后方积极响应政策，为控制疫情尽自己最大的努力，同样也是在尽自己的力。”郭嵩这样说道。

获评杭州市“战疫情 促发展 稳就业”先进企业

图4-24　点的应用——律动

2.线的形象

线是点的运动轨迹，它有长短、粗细、虚实、曲直、方向之分。

在编排中，线除了起到引导、强调、分割空间的作用之外，还具有很强的感染力，散发出独特的情感与气质（图4-25）。例如直线具有延长性，代表着刚直与力量；而曲线则凸显了线条美感，体现出柔韧、性感；虚线有一种含蓄与节奏之美；斜线具有一定的方向与动感……

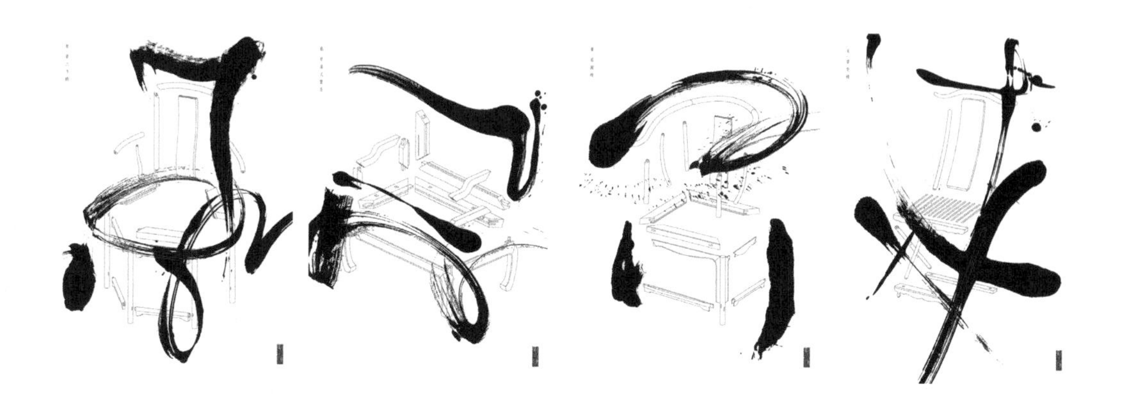

图 4-25 《椅子书法》/ 刘小康

（1）线的引导

图4-26是一个借鉴线的形象做的目录设计。

委托方期望目录给人一种简洁、素雅、层次分明的视觉印象，无需过多的装饰。设计师遵循“少即是多”的现代设计理念，运用不同长度的直线来具体划分各个章节内容，这样做可让读者直观感受到每一个章节所承载的信息的多少（图4-26）。

（2）线的划分

图4-27通过线的分割来完成内页编排设计。

将文章中的五个段落内容以线框进行划分，并结合数字排序很好地进行视觉引导，在布局上有意打破网格的束缚，营造出一种自由、舒适的阅读体验。

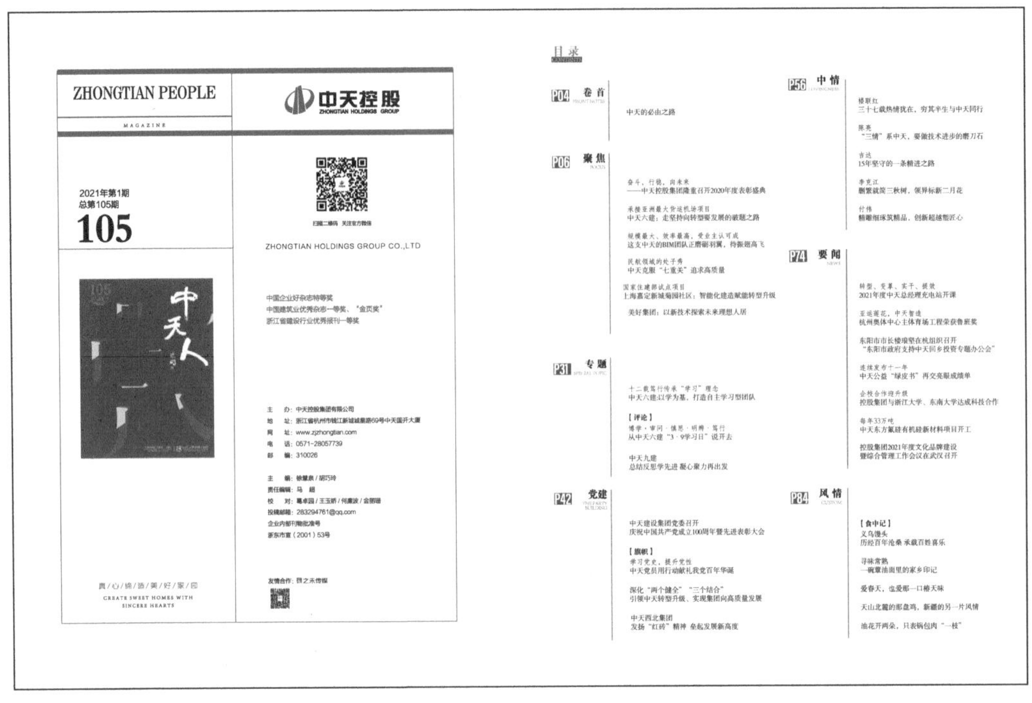

ZHONGTIAN PEOPLE

MAGAZINE

2021年第1期
总第105期
105

真/心/缔/造/美/好/家/园
CREATE SWEET HOMES WITH SINCERE HEARTS

中天控股
ZHONGTIAN HOLDINGS GROUP

扫描二维码 关注官方微信

ZHONGTIAN HOLDINGS GROUP CO.,LTD

中国企业好杂志特等奖
中国建筑业优秀杂志一等奖、"金页奖"
浙江省建设行业优秀报刊一等奖

主　办：中天控股集团有限公司
地　址：浙江省杭州市钱江新城城星路69号中天国开大厦
网　址：www.zjzhongtian.com
电　话：0571-28057739
邮　编：310026

主　编：徐慧泉 / 胡巧玲
责任编辑：马　超
校　对：葛卓园 / 王玉娇 / 何康波 / 金丽珊
投稿邮箱：283294761@qq.com
企业内部刊物批准号
浙东市宣（2001）53号

友情合作：羽之禾传媒

目录

图 4-26　线的应用——引导

ZHONGTIAN PEOPLE
2020年第2期

万科理想城项目
探索中天区域直营"理想"未来

万科理想城项目位于湖北省宜昌市夷陵区，工程由商业区、A区洋房、B、C区高层、D区小高层，5个地块共58个单体组成，总建筑面积约70万平方米，总造价超13亿元，由万科集团投资开发，中天建设集团有限公司施工总承包，为宜昌市目前同时在建规模最大的全精装商业住宅工程。2017年12月开工，计划于2022年12月竣工。

"合抱之木生于毫末，九层之台起于累土"。2018年1月15日，万科理想城A区商业地块中标，直营团队肩负六建转型的担当和客户的期望，强基础、转思维、提能力，开启了项目施工"加速度"。

3月29日A区商业区正式开工，5月10日C区中标，5月15日A区正式进入土建施工阶段；6月29日C区浇筑底板大体积砼，9月20日D区中标，3月8日C区一二批9栋高层顺利达到预售，4月22日首栋单体顺利封顶，5月22日C区三批5栋高层顺利达到预售，8月10日D区一批3栋洋房顺利达到预售，9月20日B区中标，10月29日B、C区顺利完成地下室连接；12月5日A区一批8栋洋房顺利达到预售，2020年4月18日，D区二三批8栋洋房顺利达到预售，7月20日，A区二批2栋洋房及C区一批6栋高层将迎来首次交付。

01

业态形式多、资源需求大、施工组织难

项目涉及各类专业分包23家、108个劳务班组。截至目前项目混凝土用量约57万立方、钢筋43万吨、模板展开面249万平方米。

开发节奏的多次调整，精装4330户高品质交付，都给团队造成了极大的组织协调难度，项目依托区域直营丰富的中后台管理经验，利用铝模、装配式PC、安装生产基地、门窗栏杆厂等产业、供应链平台资源优势，开展施工组织策划，在劳动力组织、材料保障、机械设备配备等方面实施施工组织推演、开展木模、铝模水平流水、三线双向穿插施工（市政园林线、室内装饰线、主体立面线，地上地下同步穿插），确保项目施工有序进行。

02

职工数量多、人员流动大、疫情防控难

项目直营土建、装饰、安装管理团队216人，其中项目经理1人、土建团队126人、装饰团队69人、安装团队20人。劳务用工超2200余人，其中土建班组1100人、安装班组235人、装饰班组830人、分包单位902人。

项目部生活设施齐全，聘请专业物业管理团队运维。面对新冠疫情，积极组织复工复产，经过十二版策划与评审，及时采购储备各类防疫物资，解决了防疫物资采购难、工人到岗难、疫情筛查难、食宿隔离难等复工难题，7天内顺利组织1200人到岗，是武汉万科最早全面复工项目。截至目前共储备和使用主要防疫物资口罩20万个，消毒液100吨，组织核酸、CT及血清检测3100余次，防疫物资防疫87万元、检测费用65万元。

20　21

图 4-27　线的应用——划分

3. 面的形象

面是线条移动的轨迹，具有一定的面积。在版式设计中，通过改变它的形状、大小、色彩等，可以让人产生不一样的视觉心理感受。直面会给人一种安稳、规则、理性的感受，曲面凸显柔美、流畅、自然之感；而不规则的面则会多一点自由与活泼。

在编排中，一个段落、一张图片或一个色块都可以被视为面的形象（图4-28）。与点和线相比，面有着明显的视觉重量。它主要起到丰富与装饰版面的作用。

图 4-28　招贴设计 /Cheng Peng

（1）面的视觉连续

图4-29是三张主要运用面的形象完成的内页编排设计。

委托方期望将这6篇文章分别放在单页里进行设计，而且要保持统一、连贯的版面视觉效果。但实际情况是，每篇文章主题都不相同，如果非要强行设计出“关联”的视觉元素将它们联系在一起，会显得十分刻意……设计师将具有动感的倾斜色块布局在每张页面之中，读者在翻阅的过程中，随着视线的移动，这些色块就如同幻灯片一样有节奏地变幻着，从而使页面之间有了关联，建立起自然、统一的版面视觉效果。

中天建设集团连续四年
蝉联上海市进沪施工30强企业第一名

排除万难！
中天斯里兰卡富丽凯厂房项目提前交付

中天西北集团
研究成果获陕西省科学技术进步奖

助力亚运！
中天交通集团北支江过江通道工程主桥顺利合拢

中天控股集团
2020年度文化品牌建设工作会议在沈阳召开

中天控股集团
获评中华慈善总会“爱心企业”

图 4-29 面的应用——视觉连续

（2）面的区域划分

下面再看一个凸显面的形象的内页编排设计。

设计师筛选出有较强视觉张力的图片作为主要的“面”来对版面进行空间划分，并结合不同深浅的色块来凸显、明确区域与功能，从而增强主题的感染力，产生强烈的视觉效果（图4-30）。

图4-30 面的应用——区域划分

图 4-31　招贴设计《永恒》/ 王武

4. 空间的形象

在版面的编排上，可以利用光影、结构、透视、虚实等关系创造立体空间的视觉幻境，营造出丰富的视觉层次，让读者产生身临其境的感觉（图4-31）。

（1）空间的情境

图4-32是为公益慈善工作总结报告做的内页编排设计。

在编排上，将场景空间与文本相融合，创造出幻觉性空间的版面视觉效果，使人感到亲近、自然。

图 4-32　在内页编排设计中营造空间的情境

（2）空间的透视

图4-33所示的内页编排设计同样也运用了空间表现的方式。

通过面与面之间的作用在二维的平面中产生具有透视感的三维幻觉性空间，为版面创造了视觉层次的空间。透视效果及其营造的递增态势引人入胜，强调了“面”中视觉信息的相互联系，体现了编排的逻辑关系。

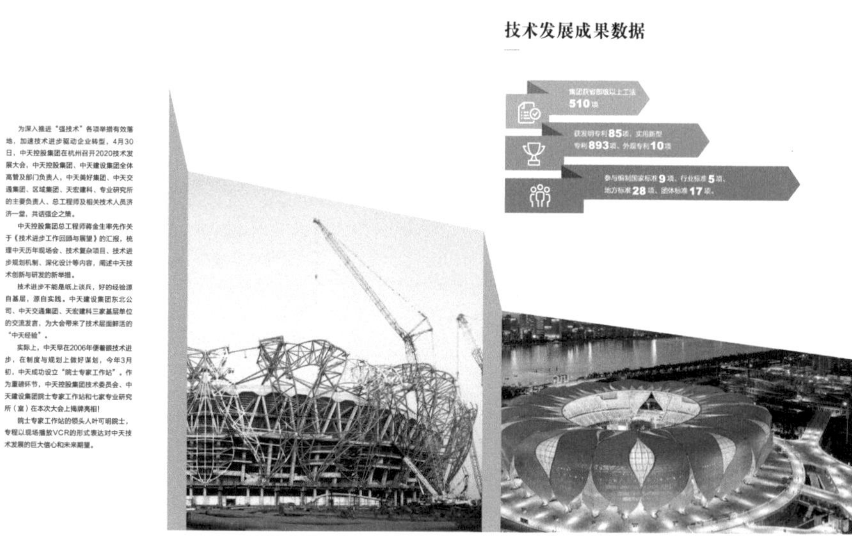

为深入推进“强技术”各项举措有效落地，加速技术进步驱动企业转型，4月30日，中天控股集团在杭州召开2020技术发展大会，中天控股集团、中天建设集团全体高管及部门负责人，中天美好集团、中天交通集团、区域集团、天宏建科、专业研究所的主要负责人、总工程师及相关技术人员济济一堂，共话强企之策。

中天控股集团总工程师蒋金生率先作关于《技术进步工作回顾与展望》的汇报，梳理中天历年现场会、技术复杂项目、技术进步规划机制、深化设计等内容，阐述中天技术创新与研发的新举措。

技术进步不能是纸上谈兵，好的经验源自基层，源自实践。中天建设集团东北公司、中天交通集团、天宏建科三家基层单位的交流发言，为大会带来了技术层面鲜活的“中天经验”。

实际上，中天早在2006年便着眼技术进步，在制度与规划上做好谋划，今年3月初，中天成功设立“院士专家工作站”。作为重磅环节，中天控股集团技术委员会、中天建设集团院士专家工作站和七家专业研究所（室）在本次大会上揭牌亮相！

院士专家工作站的领头人叶可明院士，专程以现场播放VCR的形式表达对中天技术发展的巨大信心和未来期望。

技术发展成果数据

集团获省部级以上工法510项

获发明专利85项、实用新型专利893项、外观专利10项

参与编制国家标准9项、行业标准5项、地方标准28项、团体标准17项。

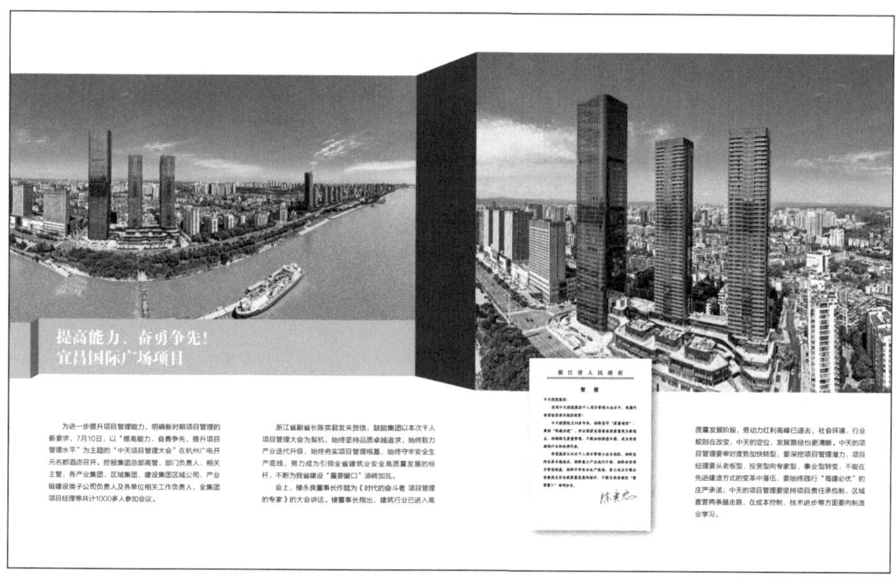

提高能力、奋勇争先！
宜昌国际广场项目

为进一步提升项目管理能力，明确新时期项目管理的新要求，7月10日，以“提高能力、奋勇争先，提升项目管理水平”为主题的“中天项目管理大会”在杭州广电开元名都酒店召开。控股集团总部高管、部门负责人、相关主管，各产业集团、区域集团、建设集团区域公司、产业链建设类子公司负责人及各单位相关工作负责人，全集团项目经理等共计1000多人参加会议。

浙江省副省长陈奕君发来贺信，鼓励集团以本次千人项目管理大会为契机，始终坚持品质卓越追求，始终致力产业迭代升级，始终夯实项目管理根基，始终守牢安全生产底线，努力成为引领全省建筑业安全高质量发展的标杆，不断为我省建设“重要窗口”添砖加瓦。

会上，楼永良董事长作题为《时代的奋斗者 项目管理的专家》的大会讲话。楼董事长指出，建筑行业已进入高质量发展阶段，劳动力红利高峰已退去，社会环境、行业规则在改变，中天的定位、发展路径也更清晰。中天的项目管理要审时度势加快转型，要深挖项目管理潜力，项目经理要从老板型、投资型向专家型、事业型转变，不能在先进建造方式的变革中落伍，要始终践行“每建必优”的庄严承诺；中天的项目管理要坚持项目责任承包制、区域直营两条腿走路，在成本控制、技术进步等方面要向制造业学习。

浙江省人民政府

贺信

图4-33　空间透视的应用

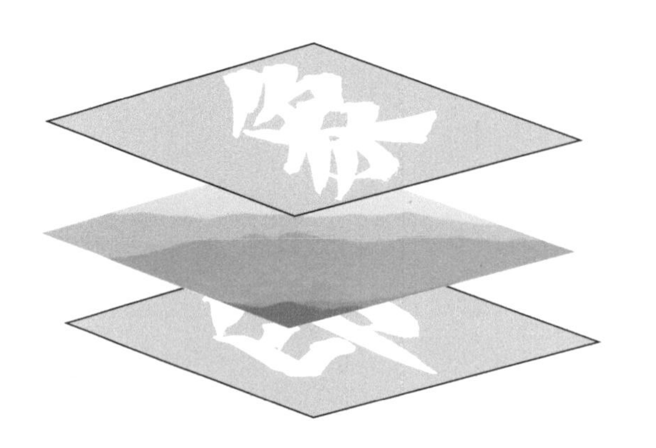

（3）空间的层次

我们再看一个利用空间层次做的设计。

设计师将视觉元素“印”“象”与风景图片上的元素之间进行了遮挡关系的处理，让信息之间产生了更为紧密的联系，创造出一个虚幻的视觉空间意境，同时使主题也得到了深化与升华（图4-34）。

图 4-34 空间层次的应用

五、看得见的网格

在生活中，网格随处可见，人们早已司空见惯（图4-35）。而在编排中，网格常被用作辅助参考，以隐匿的形象存在于版面之中，不被观者所注意。但决不能否认的是，网格具有独特的结构之美，能给人带来震撼的视觉感受。

图 4-35　现实中的网格

在现代设计中，可见的网格作为设计元素之一，能够通过其结构特征的变化，为版面营造出条理清晰、层次丰富的视觉效果（图4-36）。

图 4-36　宣传单（DM）设计 / 陈哲

1.看得见的单元网格

图4-37所示的编排设计应用了可见的单元网格。

在版面中，单元网格作为可见的视觉元素，与图片有机融合，不仅强调了秩序的存在，更起到了装饰空间的作用，创设出全新的视觉效果，让版面充满生机与活力。

图 4-37　可见的单元网格的应用

2.看得见的横向网格

如图4-38所示，设计师利用了可见的横向网格，将版面纵向分割为3个部分，分别承载着不同的信息内容，依次是图片、数据与文本，让视觉浏览产生了顺势而下的动感，构建出从无到有的版面空间秩序。在单页编排上采用了双栏布局，让版面的信息结构灵活多变，提升读者的阅读体验。

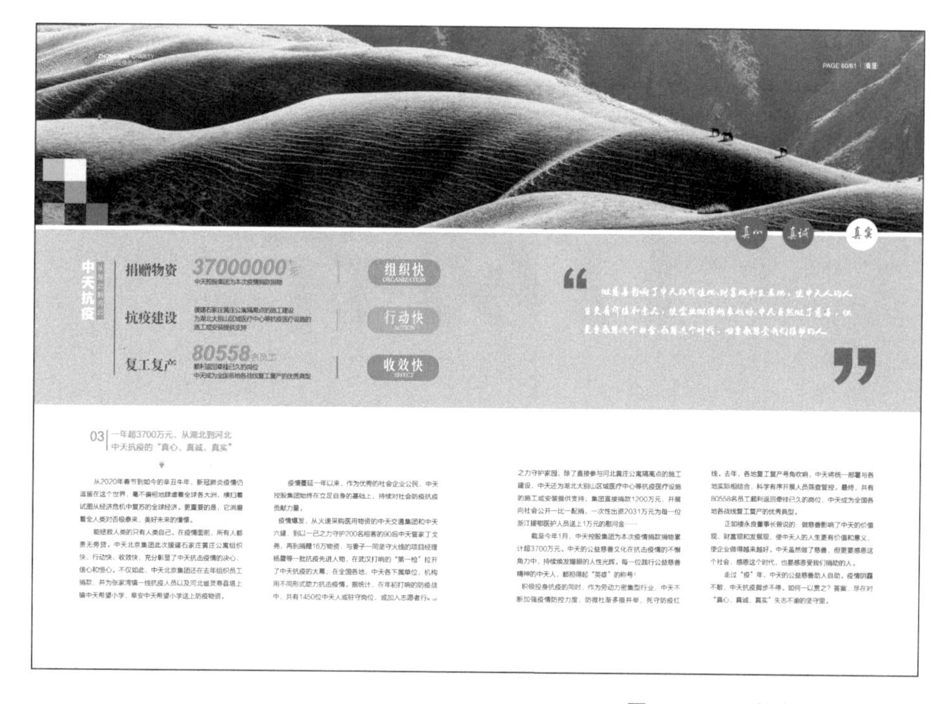

图4-38　可见的横向网格的应用

六、捕捉灵感，激发创意

1.捕捉信息中的灵感

纯粹追求创意编排来实现最佳的版面效果，但又因灵感的枯竭而止步，这是设计师经常面对与感到困扰的问题。

其实灵感无处不在，需要的是我们能全身心地去寻找、体会。正如法国雕塑家罗丹曾说过的："美是到处都有的，对于我们的眼睛，不是缺少美，而是缺少发现。"触发灵感的重要线索很可能就存在于文本的字里行间或客户的诉求之中，这需要设计师去挖掘、提炼。简单地说，就是要在有限的信息资源中去捕捉闪光点来激发灵感，为编排提供无限的创作空间。版式设计不只是要依靠技术来体现，更重要的是设计师要用心，通过编排之美，明确设计目的，用最清晰、易懂的方式实现信息的准确传达。

特别是在委托方没有提供任何图文资料的情况下，尤其要保持与对方的沟通，在诉求之中去寻求关键线索，从而激发设计灵感。下面通过实例来说明这一点。

图4-39是以慈善行动日为主题的招贴设计。

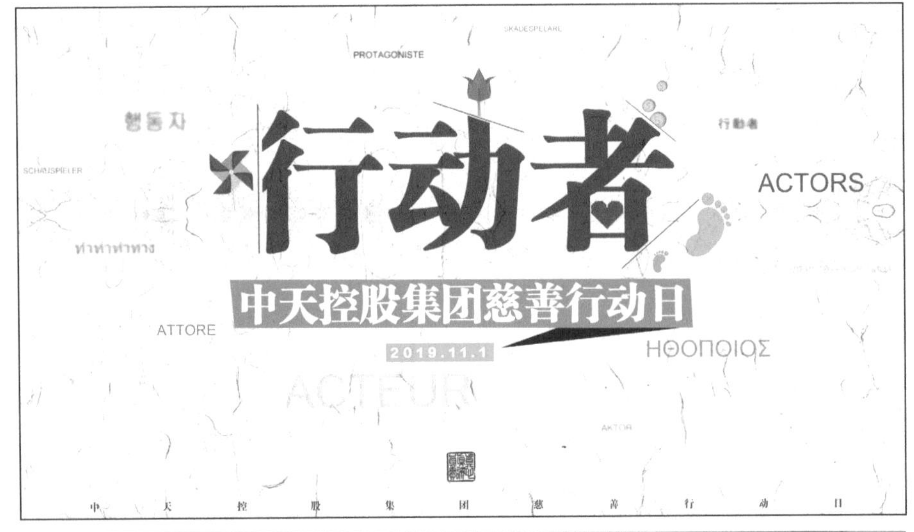

图4-39　慈善行动日招贴设计

当天主题活动的参与者以企业员工为主，意在通过捐钱与捐步行动来宣传推广慈善事业。设计师为了强调“行动”与“人”之间的相互关系，同时又要给观者留下直观深刻的印象，于是把它们糅合在一起，最终产生了一个既好记又上口的主标语——“行动者”。

接着，设计师又了解到行动日的具体活动内容与规划，通过对信息的整理与归纳，提取出“绿色环保”“捐步数”“捐款”“慈善”“爱心”的主题关键词，并转化为与之对应的可视化设计元素——“风车”“鲜花”“脚印”“钱币”“爱心”等。它们与“行动者”相互融合，最终产生了全新的视觉形象，突出了活动主题，营造出良好气氛。

在经营位置方面上，设计师将主要的视觉元素居中对齐，给人以庄重、严肃的视觉感受。此外，又将“行动者”翻译成世界不同国家的文字，并在版面上自由布局，意在表明慈善是一种共同的信仰，能以最为广泛的传播方式去感染更多的人，产生更大的社会力量。

图4-40将企业理念与慈善行动日的主题进行融合，从社会责任理念（做优秀企业公民）与“三真”原则（真心、真诚、真实）中，提取关键性的文字信息——“行”“做”“真”，作为主要视觉元素来宣传与推广，意在表现企业的情怀与担当。

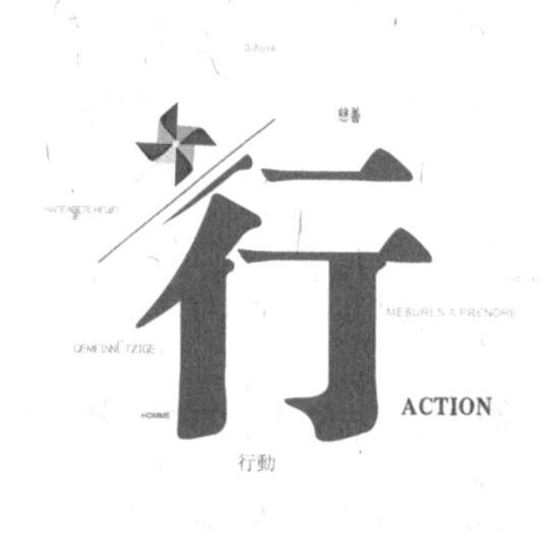

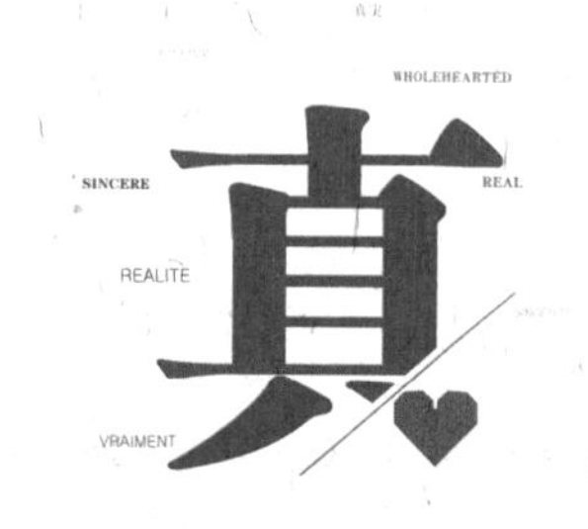

图 4-40　慈善行动日系列招贴设计

2.视觉化语境的表达

编排并不是单纯地将文字复制粘贴，并整齐排列就草草了事。设计师要深刻领悟文本内涵，对关键信息准确捕捉与把握，注重版面视觉化语境的表达，通过编排之美创造阅读美感，让读者能够获得身临其境的体验。

我们再从一个内页编排案例来探讨视觉化语境表达的重要意义。

委托方只提供了文本信息，该文本主要讲述了一个普通家庭被公益慈善基金救助的真实故事。设计师在文中找到了一个具有画面感的句子——“一缕阳光掠过她身后的窗子，照在窗外一株吊兰的叶子上”。短短一句话看似平淡、朴实，却能让人从中体会到作者在字里行间所流露出的爱与希望。设计师选用了最为贴近主题的图片素材与文本搭配，营造出合宜的视觉化语境来凸显主题，让观者与作者在情感上能够达到共鸣（图4-41）。

44 中天控股集团2018公益慈善报告

责任中天 公益慈善理念 公益慈善活动 爱心慈善基金会 人人可慈善 结束语 45

美好家园帮扶基金帮扶故事二

家在，希望就在

中天美好家园帮扶基金救助尹思思家属的故事

一缕阳光掠过她身后的窗子，照在窗外一株吊兰的叶子上。

“没事儿，生活还要继续，我也会向前看。”眼前这位90后中天人一边说着自己的故事，一边浅浅微笑着，就如她身后的吊兰，经历寒冬依然乐观向上。

2011年，尹思思毕业后来到中天六建汉口城市广场项目部担任预算员。在这里，她收获了爱情，男友是项目上的施工员。一年后，她们结婚了，贷款买了新房，拥有了一个温馨的家。又过了两年，一个可爱的宝宝再次点亮了这个幸福的小家庭。2015年，尹思思从项目部调到六建机关，在项目管理公司担任成本管理专员，丈夫则在武汉天祥广场项目部务工，说不上富裕，但平静幸福。

2018年5月14日凌晨3点左右，睡梦中的尹思思被一声闷响惊醒，发现丈夫倒在地上表情痛苦说不出话。她赶紧拨打120急救电话，将丈夫送至武汉大学人民医院救治。医生告诉尹思思，她丈夫由于先天性脑血管畸形，突发脑出血，需要立即开颅手术，但即使手术成功也可能落下后遗症…… “当时脑子一片空白……”尹思思说。12个小时的手术过程，每一秒都提心吊胆，一心只祈祷着丈夫能够挺过来。万幸的是，由于丈夫比较年轻，手术成功了。但正如医生所说，病痛虽未夺走她丈夫的性命，却让他右侧偏瘫，并患上了失语症。医生告诉她，手术切除的血管正好位于大脑控制语言的部分，可能永远也说不了话了。

生活不能自理，也无法与人交流，眼看着曾经在外打拼撑起这个家的丈夫变成了“婴儿”。“他才32岁，我们肯定不放弃。”尹思思说，丈夫回家后靠药物稳定病情，并一直坚持康复锻炼，虽收效甚微，但让她们看到了一丝希望。平日，由她的婆婆照顾丈夫和4岁的儿子，公公则外出务工挣钱，和她一起勉强维持家里的生活。

“我爸爸生病了。”孩子的这种失落感也成为压在她心头的一块石头，但她却一直暗自承受着另一块更大的“巨石”。丈夫快出院时的一次检查中，又被查出患有甲状腺癌——这让这个本就风雨飘摇，经不起一点打击的家几乎陷入绝境。

开颅手术及长达4个多月的康复治疗，花费40余万元，耗干了家里所有的积蓄；每月的房贷5000多元，孩子的教育费，大人的生活费……即使尹思思再擅长管理成本，也不知从哪里挤出钱来给丈夫再做一次大手术。

核实了尹思思的情况后，中天六建立即为她申请了“美好家园”帮扶基金，48000元的帮扶金很快送到了她的手中。“本来想着，实在不行就把房卖了，这48000元钱解了我们燃眉之急。”尹思思说。

以后怎么办？她问过自己无数遍。但尹思思说，往后路还长，身边有许多关心她的人，中天大家庭也总在危机关头予以帮助，她对未来充满信心：“只要家在，希望就在”。

图4-41 视觉化语境的表达

3. 留意生活中的细节

好的创意，总是在意料之外、情理之中。

设计师要多多留意、记录身边的事，善于思考、捕捉生活中的灵感，或许它能帮助你解决编排设计中所遇到的问题。

图文并茂的文章，会使人赏心悦目。当遇到纯文字编排的时候，可以优先考虑增加图片或图形来增强文章的视觉表现与感染力，这是行之有效的方法。特别是对细节的刻画与处理尤为重要。如何将生活中的元素融入编排设计，让读者感受到那一份温度，下面通过这个案例来说明这一点。

图4-42所示的一系列编排设计，是围绕主题观影的心得体会而设计的。设计师采用电影票根的形式，将文本内容融合在一起。小小的票根在现实生活中很难引起人们的注意，但将它应用在版式设计中，能够瞬间引起读者关于某个时间段的记忆，提升人们的阅读兴趣。

于《米花之味》中
瞥见留守之底色

中天城轨 张存钱

在项目上待久了，对于“现实”的理解也会变得更加深刻。在工地里工作生活的工友们的身上，有无尽的故事，每一个人每一张脸，都是现实的写照。因此，对于讲述现实题材的电影，我总会特别用心去欣赏。

疫情期间观看的《米花之味》，以日常生活之幽默反映留守儿童之现实。

真实生活细节
触动观众内心深处

该片中90%的素材来源真实，真实走心的生活细节令人深感触动。

影片中，叶喃回家后，与女儿共处一屋，但是女儿却是躲在被窝里与妈妈被动对话，叶喃问女儿：“你躲在被子里做什么”，喃杭说：“还是听声音好一些”。当叶喃睡后，喃杭深夜偷偷从床上爬起来像老鼠一样匍匐在桌子上吃妈妈给她带回的零食。由于长时间的疏远，突然面对自己的父母，让孩子对父母是既害怕又渴望，想靠近但无法靠近。

电影全篇使用固定镜头拍摄，即使是喃杭与伙伴一起在去学校的路上，也是采用移镜头，保证了镜头相对“固定”，这样做有效避免了导演主观感情的表达和渲染，将留守儿童的生活细节进行了客观的描述，给人们以亲切、真实，让观众在悄无声息间被触动。

叙事节奏明快
打破苦难、温情叙事常规

影片聚焦社会现实，但整体画面色彩鲜艳明亮，配乐清新灵动，打破以往现实题材苦难叙事和温情叙事的禁锢，具有很好的艺术性。

在不少类似影片汇总，当叙述留守儿童的苦难时，总是倾向选择诸如亲人死亡、病重、失踪等题材。如《天堂的礼物》《妈妈的手套》《跑步向前》《念书的孩子》《穿过忧伤的花季》都展现的是至亲死亡；如《留守孩子》《春风化雨》《清水的故事》中，孩子的母亲都跟有钱人跑了等等。

实际上，那来自因留守所产生的孤独、苦楚、无奈、渴望、坚守，那平实性的、日常化的、常态式的苦难，才真正是留守儿童有别于其他的地方，也是优秀电影最应呈现的东西。《米花之味》正是抓住这种真正属于留守儿童的困难之处，以真实生活现状为素材，反映孤独、渴望的同时，加以电影艺术表达，使得观众更容易接受和主动思考。

设置巧妙结尾
留有余味细品

舞蹈是该片的神来之笔，舞蹈在云南，不管是庆祝，或是祭祀，都是最神圣和深情的，舞蹈既反映云南的特色，也是影片中叶喃和女儿所仅有的一种无需通过语言却共同擅长的东西，它注定要成为影片升华的催化剂。

在影片的结尾，母女二人走进一个1.2亿年的溶洞，在洞中翩翩起舞，为逝去的亡灵祈福，舞蹈倒影在水中，投射到石壁上，母女二人相互对视，抚摸，情景交融，仿佛万籁俱寂，时间凝结，只有洞里的滴水声嘀嗒、嘀嗒……影片在这悄然落幕，留给观众无限遐想的空间。

随着社会经济发展，社会爱心人士的帮助，农村留守儿童的物质生活条件已有了大大的改观，但由于长期亲情的缺失，致使他们的精神世界依然贫瘠。单就我们身边，青壮年外出打工，祖孙留守的情况数不胜数，这是社会发展，城市化进程中的“无可奈何”。可即便是这样，相隔千里的思念，仍旧无法在电波、在信号中完整传递。

因为爱是陪伴，爱是无形却又有形的。用一本95分钟的电影，让社会上更多人认知到这一点，这样的电影就应该是一本好电影。

113

图 4-42

ZHONGTIAN PEOPLE
2020年第2期

PREMIUM

《城南旧事》
My Memories of Old Beijing
导演：吴贻弓
主演：沈洁、张丰毅
时间：1983年上映
豆瓣评分：9.0

故事梗概

改编自林海音1960年出版的同名短篇小说，以小女孩英子纯洁天真的眼光展示了上世纪初老北京的社会风貌以及主人公英子的一段有欢笑有眼泪的童年往事。

THE MOVIE TICKETS

106

CHENGNAN JIUSHI

城南舊事

花儿落下
我们也长大了

中天精诚装饰 刘春梅

告别似乎是电影《城南旧事》中渲染的主题，开头那句"不思量，自难忘"给整部电影营造出一种悲凉的氛围。剧中以林英子特有的儿童视角叙述老北京胡同巷子里的人和事。

"爸爸，骆驼为什么挂个铃铛？"英子的声音，充满童稚和好奇。齐耳的短发，明亮的眼睛，椭圆的小脸蛋，这是剧中的她留给我的印象。我喜欢她，就像英子对惠安馆的疯子秀贞说"我喜欢你"那样别具的情感。英子纯真而善良，胡同里的小孩子都怕秀贞，唯独英子不怕，三天两回地跑到惠安馆找她。画面的场景也不紧不慢，缓缓来又缓缓去，就连宋妈责怪起英子的声音也让人觉得倍感亲切"你就跟那俩个野小子踢球，踢成这样。"

然而在我的记忆中也有一种声音时常萦绕耳畔，但这种声音已经离开我十多年。如今我依旧很想念这温暖的声音，也想念着童年里无忧的时光。"丫头，你回来了。到屋后，叫你祖父回来吃饭了。"刹那间，我仿佛又回到了童年的老屋：看见宽敞的厨房里，竖立着两根高大的杉柱，柱的一侧是矮矮的灶台，以及灶台上那双来回炒菜而娴熟的双手，屋院后是给草药苗来回浇水而忙碌的身影。

年幼时祖父常教我辨识草药，可现在只记得起其中的几样。一样是猴子结，小孩子挑食不吃饭，用它煮水喝，几日之后胃口就恢复如初。另一样则是黑墨草，专治肚子疼痛，熬出的水，黑似墨，一碗喝下，舌苔呈现黑紫色。在一旁的祖父便笑话我："肚中真有'墨'了。"

看着剧中的情节，我已分不清究竟是英子的童年里有我的影子，还是我的童年融化在她的故事之中。

英子从七岁到十三岁，都在学着告别。在滂沱大雨的夜晚，她与妞儿和秀贞告别；在家门口她与被捕的小偷告别；在花儿落下的秋天，她与宋妈告别、与父亲诀别。英子不明白，为何身边的人都要离她远去？为何世间要有这么多令人难过的别离？电影随着宋妈骑上毛驴回乡下老家，英子坐在马车的回望而缓缓剧终。当耳边再次响起李叔同那首《送别》的曲子时，秋天染红了漫山的叶子，泪水也浸湿了我的眼眶。

回想童年，最深刻的一次告别是我离开孩提生活的地方，回家念书。记得那天祖父母把我送上一艘叫"明威二号"的木船。船在洁白的浪花中渐行渐远，祖父母也变成了我视野里的一个小黑点，坐在船舱里头的我放声大哭。难道我已经预感到，祖父的花儿不久也将落下吗？

人的一生或许都在做一件事，那便是告别。告别童年，进入少年；告别故乡，漂泊异乡。只是有些告别短暂，他日还能重逢，有些告别却是永别，不期然就已痛彻心扉。也许正是生命中不同的告别，教会我们懂得爱和珍惜。

在花儿落下的那年，我和林英子也都不再是小孩子了。

107

图 4-42　电影票根的创意编排

4.新媒体的应用

大多数人对传统编排艺术的认知仍停留在静态的视觉效果中，而随着数字化技术的发展，新媒体的应用也越来越多地影响着传统的排版……

在现代编排创作中，设计师应当注重利用新技术与新手段，将文字、图片、音频与视频等视觉元素以多元化艺术形式融入编排之中，使版面呈现出动静结合的视觉之美，方便读者通过手机等智能设备直观地进行视听体验。

下面通过一个实例，说明如何利用新媒体技术来解决编排所遇到的问题。

这是一个关于信件的编排设计。

委托方提供的信件资料繁而杂，并且特别要求将它们全部在版面中体现出来，这对于编排工作来说非常困难，处理不当会直接影响全局版面的视觉统一。

设计师借助新媒体技术——二维码来解决所遇到的问题，利用手机扫码实现了对所有信件内容的展示，在美化版面的同时又便于与读者进行互动、交流（图4-43）。

图4-43

图 4-43　新媒体的应用（注：图中字符存在不规范之处）

展望未来，相信新媒体技术的进一步发展能够给版式设计提供更大的创意空间，广大读者一定能够从中得到前所未有的阅读体验。

参考文献

[1] 南征. 设计师的设计日记[M]. 北京：电子工业出版社，2012.

[2] 汉斯・鲁道夫・波斯哈德. 版面设计网格构成[M]. 郑微，杨翕丞，王美苹，译. 上海：上海人民美术出版社，2020.

[3] 约瑟夫・米勒-布罗克曼. 平面设计中的网格系统[M]. 徐宸熹，张鹏宇，译. 上海：上海人民美术出版社，2016.

[4] 詹・V. 怀特. 编辑设计[M]. 应宁，译. 上海：上海人民美术出版社，2019.

[5] 朱光潜. 朱光潜谈美[M]. 北京：金城出版社，2006.

[6] 靳埭强. 视觉传达设计实践[M]. 北京：北京大学出版社，2015.

[7] 靳埭强，潘家健. 关怀的设计：设计伦理思考与实践[M]. 北京：北京大学出版社，2018.

[8] 盖尔・格瑞特・汉娜. 设计元素[M]. 沈儒雯，译. 上海：上海人民美术出版社，2018.

[9] 蒂莫西・萨马拉. 美术视觉设计学院用书：图形、色彩、文字、编排、网格设计参考书[M]. 庞秀云，译. 南宁：广西美术出版社，2013.

[10] 杉浦康平. 造型的诞生：图像宇宙论[M]. 李建华，杨晶，译. 北京：中国人民大学出版社，2013.

[11] 靳埭强. 设计心法100+1：设计大师经验谈[M]. 北京：北京大学出版社，2013.